壹加壹城市风景园林设计工作室快题设计系列教材

规划快题设计

——设计方法与案例分析

● 韦爽真 著

国家一级出版社
全国百佳图书出版单位
西南师范大学出版社
XINAN SHIFAN DAXUE CHUBANSHE

图书在版编目（CIP）数据

规划快题设计 ： 设计方法与案例分析 / 韦爽真著
. -- 重庆 ： 西南师范大学出版社，2015.1
壹加壹城市风景园林设计工作室快题设计系列教材
ISBN 978-7-5621-7066-2

Ⅰ. ①规… Ⅱ. ①韦… Ⅲ. ①城市规划－建筑设计－
教材 Ⅳ. ①TU984

中国版本图书馆CIP数据核字(2014)第283146号

壹加壹城市风景园林设计工作室快题设计系列教材
主　　编：韦爽真

规划快题设计——设计方法与案例分析　韦爽真 著
GUIHUA KUAITI SHEJI ——SHEJI FANGFA YU ANLI FENXI

责任编辑：王正端　袁　理
整体设计：鲁妍妍

西南师範大學出版社（出版发行）
地　　址：重庆市北碚区天生路2号　　邮政编码：400715
本社网址：http：//www.xscbs.com　　电　　话：(023)68860895
网上书店：http：//xnsfdxcbs.tmall.com　　传　　真：(023)68208984

经　　销：新华书店
排　　版：重庆大雅数码印刷有限公司·刘锐
印　　刷：重庆康豪彩印有限公司
开　　本：787mm×1092mm　1/16
印　　张：7
字　　数：150千字
版　　次：2015年1月 第1版
印　　次：2015年1月 第1次印刷
ISBN 978-7-5621-7066-2
定　　价：38.00元

本书如有印装质量问题，请与我社读者服务部联系更换。读者服务部电话：(023)68252507
市场营销部电话: (023)68868624　68253705

西南师范大学出版社正端美术工作室欢迎赐稿，出版教材及学术著作等。
正端美术工作室电话: (023)68254657(办)　13709418041(手)　　E-mail：xszdms@163.com

序 / PREFACE

设计本没有“快题”一说，任何设计都需要经过现场踏勘、调研、理解、沟通、概念、深化、完整等过程，设计师的灵感与决策必须建立在理性的发现问题、分析问题的基础上。这个过程如果没有一定的时间为基础是不可能完成的，或者说是无法优质完成的。作为一个设计教育工作者，我常常陷入两难之中。内心也深知，短暂又急功近利的做法既伤害设计本身的规律，同时也伤害设计师严谨稳健的工作素质。

但是，为何现今又有大量的“快题设计”的需求呢？

那么，我们不得不从设计教育的层面来剖析这个问题。在校的设计学习，大部分时候是一种模拟设计流程的学习。同学们一定会经历一个从陌生到熟悉、从“必然王国”飞向“自由王国”的过程。在读期间，掌握设计思路的切入方式、空间造型手法、效果的表达手段这三个方面都是必须经历的一个过程。从建筑、环艺类专业的特征看，尺度的熟悉、规范的熟悉、形式美感的建立，确实不是一蹴而就的。因此，我们在教学过程中，有必要穿插一种叫作“快题设计”的教学形式，训练学生在规定的时间内，拿出解决方案，达到海量储存设计形态以及强化设计思维的能力的目的。实践证明，这是一种很有效的训练方式，使同学们在有效的时间内寻找设计的切入点，同时加强视觉记忆与空间思考。从而由“作茧自缚”升华到“破茧而出”的过程。这对于培养学生的动手能力也是一个催化作用。

可以说，“快题设计”从很大程度上反映了一个学生现阶段的应变能力和综合素质能力。所以，它是一个传统的教学方法，也是未来需要的一种教学方法。在各种升学考试和就业面试中，它是最为直观、有效的辨别人才素质的方式。它也往往是一个重要的业务考察方式，特别是研究生入学考试，初试和复试环节都会通过此方式来考查学生的专业素质。

这也就不难理解为什么“快题设计”让众多学生既爱又恨了。

关于“快题设计”的教学方法需要长期的总结，需要积累大量的实践和经验来积极有效开展。随着学科的不断丰富和发展，用人单位或者招考学校对于人才的复合型要求，都让快题设计这一类型的设计方式更加灵活和多元化——往往以建筑设计为核心，以规划、风景园林为外延进行综合考察。

壹加壹城市风景园林设计工作室长期从事设计教育研究与实践，从理工类院校、美术类院校两种不同面向的学科背景中，充分汲取养料，总结出一套行之有效的培养专业人才的方式方法。从设计的规律与原理出发，不断总结历年建筑规划设计的手段方法，同时提炼当下建筑环境设计的精髓和变异，紧跟时代发展的步伐，我们非常期待在设计教育上能贡献自己的绵薄之力。

着重应用是本丛书的最大特点。讲述的内容偏重实际考试中的问题，包括时间的安排、平时的准备、常犯的错误等。以精干的方式把规划快题设计考试作为重要的提高设计技能的方法和手段。丛书结合了不同院校的教学优势，实操的案例涵盖近几年来理工类院校、美术类院校等考研试卷，以及各设计院和设计事务所的面试考题，生动地反映了目前这一领域的真实状况，让考生拥有第一手的参考资料。

“壹加壹城市风景园林设计工作室快题设计系列教材”的编写经历了5年之久，书中涵盖了教学方法和作品集锦，既有理论的梳理，又有设计案例的直观展现，资料翔实系统，具有较高的参考价值。特别是结合美术类院校在手绘表现上的专长，让丛书的阅读性和借鉴性都较高。由于编者学识有限，这套丛书也有更加完善的必要。愿我们能共同进步！

四川美术学院
壹加壹城市风景园林设计工作室　韦爽真

前言 / FOREWORD

现如今有很多优秀的规划设计师都在探讨一个问题，如何才能在最短的时间里表现出一个好的规划设计效果？在规划设计行业中，手绘是学习和工作中不可或缺的技能，贯穿规划设计方案的过程。电脑三维表现有着很大的缺陷，不能尽快地表现出设计师心中的那一刹那灵感，从而导致创意流失，表现不尽人意。 而手绘能彰显设计师的思维特色，赋予设计独特的灵感。

为应付各类快题考试，大家都绞尽脑汁地寻找快速有效的表达方式。而快速有效的手绘表现是从设计构思的草图到表现效果图都应该力求使设计的概念、内容的表达新颖而明确。

这才是手绘的真正意义，而非为了绘制而绘制。

手绘没有捷径可走，“多练”，这个不必多说。但是为什么长期训练绘画，却始终画不好，导致训练目标与过程脱节？如今，无论学生做课题，还是设计师做项目，设计思维与手绘表现都要求紧密配合，手、脑、眼结合训练。在设计概念的呈现、设计方案的表达乃至工作效率的提高中，手绘都起着重要的作用。

本书针对“训练目标模糊，训练方法单一”的通病，进行了深度分析、训练和讲解，相信能给大家带来很大的收获。

目录 CONTENTS

第一章 概论

第一节 规划快题设计概念

快题设计不仅在实践工作中是一种常见的工作方式，在教学中也是很重要的教学手段，也是作为考研、考博升学考试与企业面试中检验应试者能力的重要手段。近几年来，城市规划快题设计从建筑快题设计中分离出来，通常在规划专业考试中作为复试科目进行检验，对应试者提出了更高的要求。规划快题设计，更加突出了学生的整体能力，对资源分配的统筹能力，无论是设计方法、规范，还是表现技法，必须达到熟练、全面的程度才能在规定的时间内敏锐地做出相应的专业应对。因此掌握设计中的一般性方法和流程，懂得规划设计的要求与规范以及表现方法显得尤为重要。

第二节 规划快题设计的作用与类型

按照《中华人民共和国城乡规划法》和《城市规划编制办法》的规定，我国现行的城市规划编制体系由四个不同层次的城市规划组成：城镇体系规划、城市总体规划、城市详细规划（分为控制性详细规划和修建性详细规划两种）、城市设计。

以上四种类型，鉴于其规模和时间跨度等综合原因，在应试中又以修建性详细规划和城市设计这两种最为常见。因为这两种类型比较注重城镇建筑环境中的空间组织和优化，侧重于建筑群体空间格局、开放空间和环境设计，虽然规模较小，但是解决的问题集中。无论是招聘还是招生考试，目的都是希望借助这种快题手段如实地考查出应试者的专业素质，通常会选择一些难度适中、在工作和学习中较为常见的题型。

修建性详细规划和城市设计的内容尽管很多，但也有很多共性和典型性的题目，其中，最能体现普遍规律的有居住区规划、城市重点地段规划、校园规划等。

下面列举常见的三种考试题型。

一、城市总体规划

城市总体规划是对一定时期内城市性质、发展目标、发展规模、土地利用、空间布局以及各项建设的综合部署和实施措施。这类试题由于设计的用地规模大、问题复杂、工作周期长、工作难度大、牵涉的基础资料广泛等原因，一般不会作为短时间之内完成的快题设计，但也有可能以文字分析、改错的问答形式进行检验。例如，通过简单图示要求应试者辨别城市建设用地的布局是否合理、比例是否恰当；或者要求应试者通过简图指出城市建设用地与河流、山地等自然资源及机场、火车站、自来水厂、污水处理等设施与城市其他功能用地之间的关系是否存在矛盾。

题目：某城市主城区总体规划方案（图1–1）。该市的东、南侧有高速公路和铁路，南部设有客货兼营火车站一座。规划将城区分为北城区、南城区、东组团三片，沿湖风景优美，规划有两座度假村，请指出该方案的不足之处。(13分)

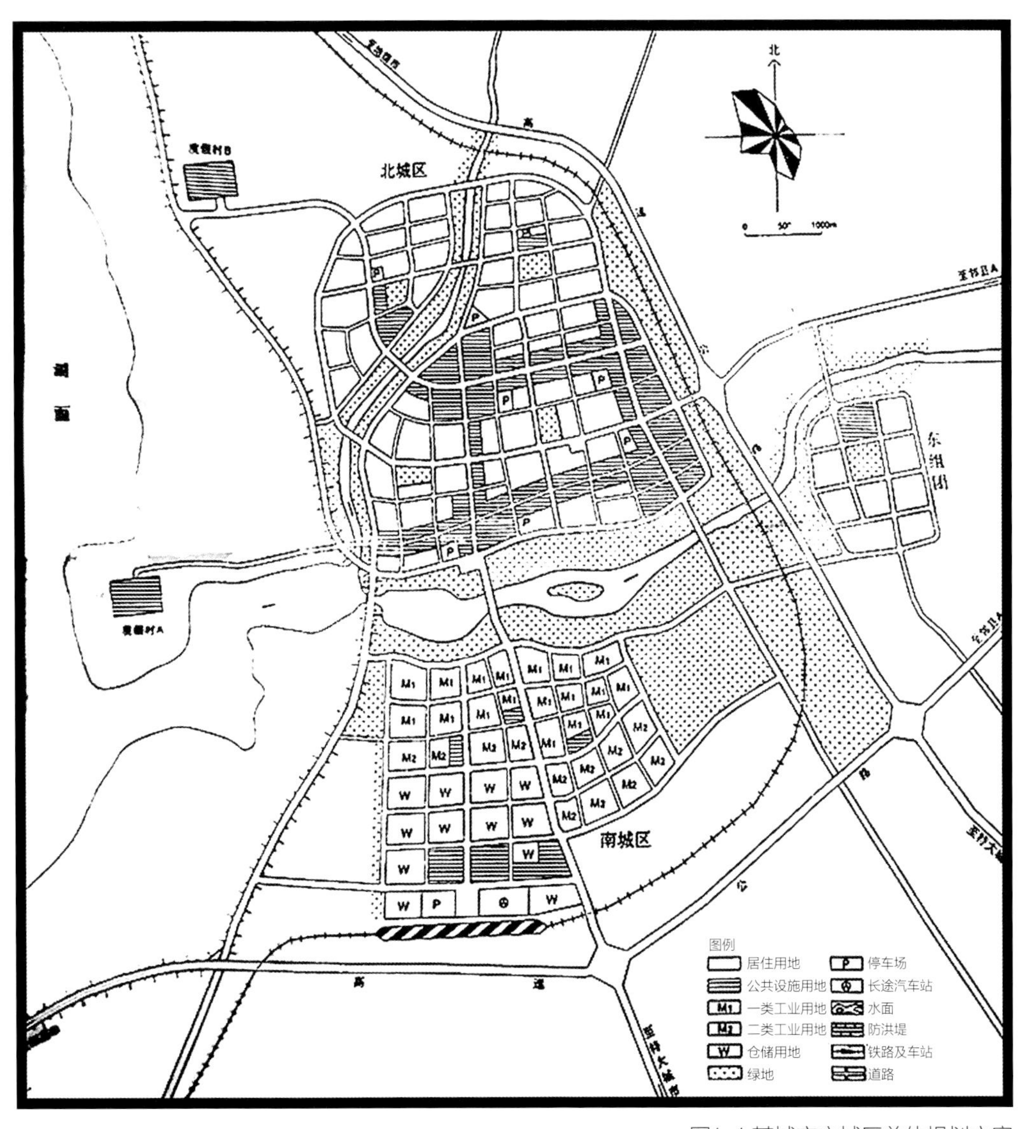

图1–1 某城市主城区总体规划方案

参考答案：

答：1.在南北城区尚有空闲建设用地的情况下，不宜跨越高速公路和铁路发展东组团。（3分）

2.南北城区功能划分不尽合理，会产生上下班交通拥堵的问题。（3分）

3.规划布局没有充分考虑火车站的客运功能，主要居住用地要远离火车站。（3分）

4.南北城区之间联系的道路偏少。（2分）

5.度假村A不应该安排在行洪区内。（2分）

二、城市详细规划

城市详细规划的主要任务是在确定的城市用地边界内，针对建设项目做出具体的安排和规划设计。详细规划快题考查的内容通常涉及城市公共设施与居住空间的安排、道路与交通系统的组织、环境与景观的营造、对基地内有价值要素的判断和利用等。图纸包括结构分析图、交通分析图、功能分析图、总平面图、重点节点空间布局、鸟瞰图等。一般规模在1km^2以下，常见为10ha～50ha。常见的城市详细规划的题型有：居住小区规划设计、校园规划设计、幼儿园规划设计、城市商业综合体规划设计。

城市详细规划是以场地要素为基础的考试类型。场地的公共限制因素和条件成为设计的主要依据。它满足了规划设计的刚性要求，是该设计类型的显著特征：建筑总面积、建筑覆盖率、容积率、建筑间距、通风与日照、建筑限高等。很多应试者没有充分了解和满足设计的刚性要求，往往成为考试的硬伤而错失良机。特别是艺术类院校的同学有跨专业的需求，就更应该在这方面做好基础准备工作，加强理论基础的建设。

案例分析

题目：某住宅小区设计

1.场地概况

该场地位于北方某中等城市，周边为城市道路围合，场地东部有河流通过，并与大型公园毗邻。该基地地势平坦，用地面积12 hm^2左右。（图1–2、图1–3）

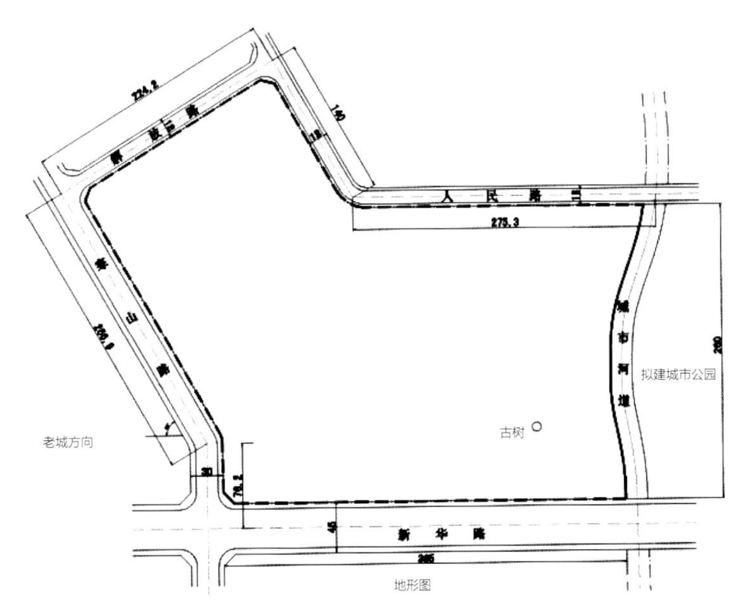

图1–2 某风景旅游城镇入口地段地形图

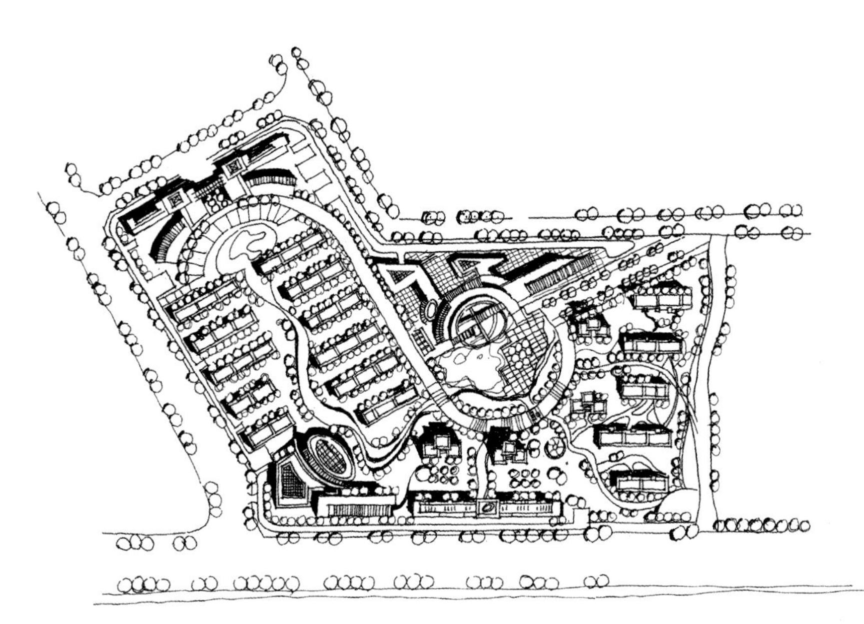

图1–3 快题设计成果

2.规划设计要求

（1）尊重场地环境，充分利用河流关系。

（2）考虑场地与周边城市道路的关系，合理组织交通和空间布局。

（3）配置必要的公共服务设施，创造良好的住区环境和景观。

3.规划内容

（1）小区住宅以多层为主，适当安排部分小高层，比例为20%～30%，日照间距按1:15控制，住宅户均面积为100m^2。

（2）小区内主要公建配套为托幼一处、文化活动中心一处、会所一处、商业中心、垃圾收集站、小区绿化与活动场地等。

（3）小区内机动车停车位按总户数的50%考虑，其中地面停车不超过15%。

（4）小区技术经济指标要求：容积率控制在1.3～1.5，绿地率不低于35%。

4.规划设计成果

（1）小区规划总平面图（1:1000），标明主要公建设施名称，各类建筑层数。

（2）规划分析图。

（3）局部透视图或鸟瞰图。

（4）设计说明（150字左右）和主要技术经济指标。

（5）图纸采用A1图幅。

三、城市设计

根据现代城市规划理论，城市设计是以空间、景观、人文价值为核心的设计类型，贯穿于城市规划工作的各个阶段，在实际工作中起到整合城市空间资源、发掘空间特色、协调开发项目与城市总体利益的作用。城市设计的内容包括土地利用、交通和停车系统、建筑体量和形式及开敞空间的环境设计。根据用地范围和功能特征，城市设计主要包括以下类型：城市总体空间设计、城市开发区设计、城市中心设计、城市园林绿地设计、城市地下空间设计、城市旧区保护与更新设计。

案例分析

题目:江南某风景旅游城镇入口地段规划设计（图1-4）

1.项目背景及规划条件

江南某历史城镇，也是重要的风景旅游城镇。规划基地位于镇区入口地段，其中有一座保存完好的老教堂，西南侧为规划保留的传统民居。北侧的祥浜路为镇区主要道路，向西通往主要景区，向东出镇连接国道，东南侧的明珠路为城镇外围环路的一段。

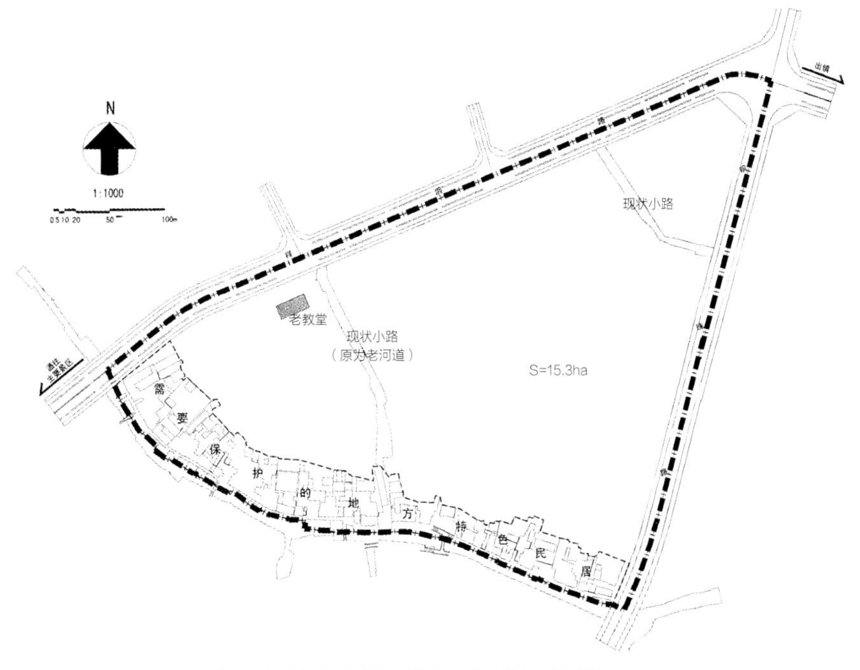

图1-4 江南某风景旅游城镇入口地段规划设计

2.规划设计要点

（1）该基地规划应该符合城镇入口地区形象及空间要求，并充分考虑历史城镇和风景旅游城镇的风貌与景观要求。

（2）该基地规划主要功能为旅游观光服务的商业购物、旅游观光酒店、住宅及相应配套设施等，并应综合考虑绿地、广场、停车以及设置城镇入口标志物等要求。

（3）根据规划条件，合理拟订该基地的发展计划纲要（包括该基地的发展政策要点及功能配置，不超过200字），编制该基地规划设计方案。

（4）规划各类用地布局应合理、结构清晰；组织好各类景观设计；住宅建筑应形成较好的居住环境，配套完美，布局合理。

3.规划设计成果

（1）基地发展计划纲要（包括该基地的发展策划要点及功能配置，不超过200字）。

（2）规划设计总平面图（1:1000）。

（3）表达规划设计概念的分析图（比例不限，但必须包含规划结构、功能布局、交通组织和空间形态等内容，应当准确体现发展计划纲要）。

（4）局部的三维形态表现图或鸟瞰图。

（5）主要的规划技术指标。

第三节 规划快题设计的特点与评判

城市规划是对一定时期内城市的经济和社会发展、土地利用、空间布局以及各项建设的综合部署、具体安排和实施管理，是引导和控制整个城市建设发展的基本依据和手段。在快题考试中，重点考查对城市空间与土地的合理分配和利用，展现出对各种关系的协调能力。

在快题设计中，主要展现出对以下三个方面的考查：

一是针对考试题目，能进行正确的理解与分析，并提出有根据的解决方案。在这期间，包含对各类型建筑的造型能力，功能的理解能力；对场地要素的分析能力，如地形、采光、通风等；对空间土地的利用能力，能较好地分配资源。

二是对法律规范的熟悉应用程度。其中，掌握与通风、日照、建筑防火间距等相关的必要的法律法规，对于场地的各项控制指标在设计成果上的合理反映，如容积率、建筑密度、建筑限高、绿地率等。

三是图纸表现表达能力。图纸的表达不仅要规范理性，同时要针对题目的要求，还应具有一定的艺术个性和感染力。这就要求应试者具有娴熟的手绘表现基础和艺术美感。

以上三点虽然也可以短期突击，但更重要的还是需要在长期的工作中潜移默化的形成。

第四节 如何做好规划快题设计

要在有限的时间内完成从构思到表达的过程，兼顾技术的合理性和方案的可行性，进而追求整体表达效果的优化，对应试者并非易事。这就要求应试者在应试前进行必要的技能准备。一般来说，强化快题设计通常要从以下三方面着手：

一是系统复习专业基础知识，掌握不同类型规划设计的特点，有重点地记忆常用设计参数、常用建筑类型、常用尺度等。

二是强化徒手表达能力训练，加强图形综合表达能力。

三是广泛阅览、重点研究成果案例，特别是对于建筑、广场等形式和类型进行归类总结。

一般来说，为了照顾到普遍的情况，规划快题设计的约束条件和设定目标相对简化，但是，应试者还是必须具备建筑学、地理学、生态学、社会学等相关基础知识，才能提出出色的设计方案。此外，掌握国家和地方的相关政策、了解不同地区的风俗习惯也有利于提高设计方案的整体水平。

第二章 规划设计的基础知识

城市规划设计是制订和实施城市规划的基础，是促进城市社会、经济和空间协调发展，建设积极、健康、可持续发展的人类居住环境的战略手段。随着现代城市规划学科的发展，城市规划设计的含义已经远远超出简单的物质环境设计和工程设计的范畴，而具有更多的社会协调、促进经济、美化环境、提升文化形象、统筹利用城市资源的意义。一个合格的城市规划设计工作者应该及时掌握城市社会演化的动态特征，适应时代的发展和需求。因此，广泛阅读城市规划专业的书籍，积极参与相关的科学研究和社会实践对形成正确的规划设计思想是大有裨益的。

成熟的构思来源于扎实的专业功底，城市规划设计快题的设置，主要是立足于考查考生对特定城市空间资源加以合理利用的熟练程度，通过有限的图纸考查应试者的专业素质和表达能力。规划设计快题时，应试者可以适当地将重点放在场地设计的相关知识、不同功能的建筑物特征和常用技术规范三个方面。

第一节 场地相关知识

一、场地限制

1.红线

关于红线的基础知识，我们要明白用地红线、道路红线、建筑后退红线三者的关系。

（1）用地红线：

建设用地边界线，也是征地线。它是场地的最外围边界线，它限定了土地使用权的空间界限。（图2-1）

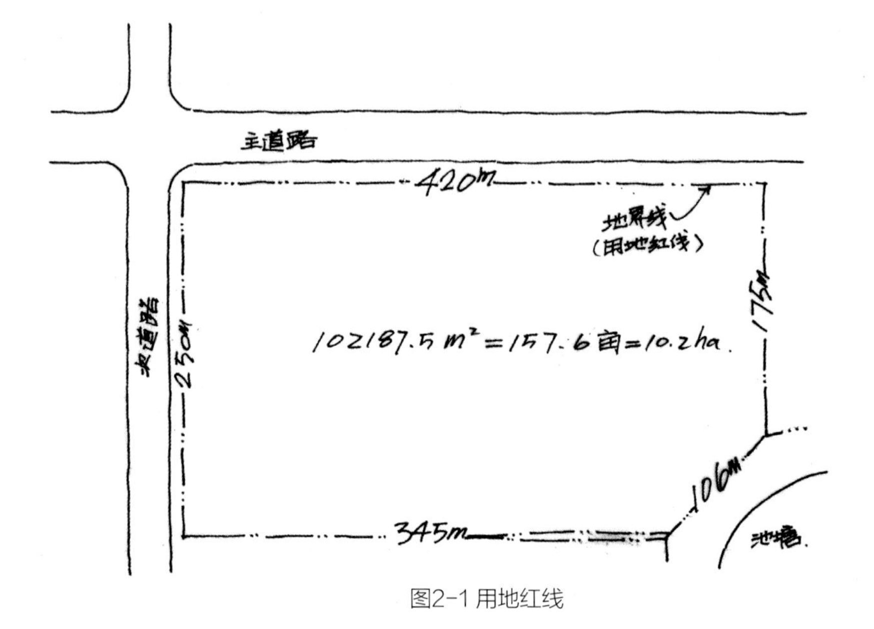

图2-1 用地红线

（2）道路红线：

总是成对出现，其间的线形用地为城市道路用地。城市道路包括城市主干路、次干路、支路和居住区级道路等，每种道路用地都包括绿化带、人行道、非机动车道、隔离带、机动车道及道路岔路口组成部分（图2-2）。

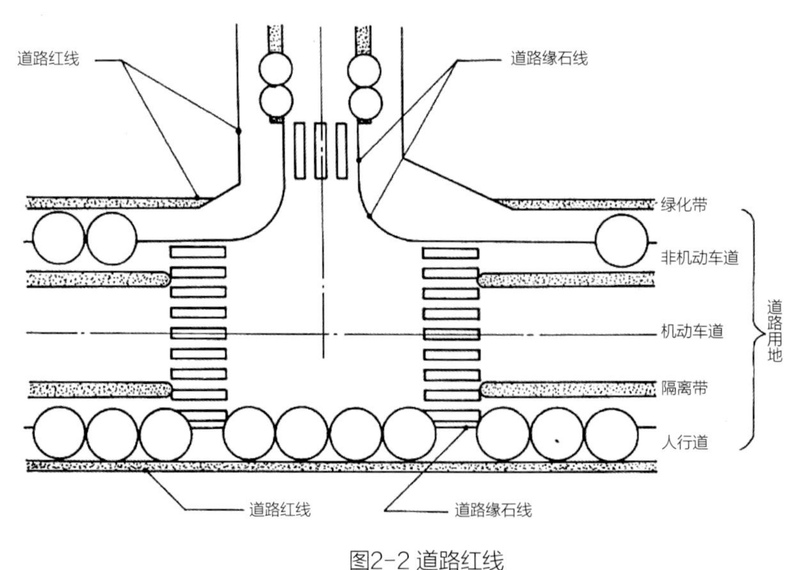

图2-2 道路红线

（3）建筑后退红线（图2–3）：

高层建筑计算高度小于60m时，主楼退让道路红线：临支道后退不小于1.5m；临次干道后退不小于3m；临主干道后退不小于5m。

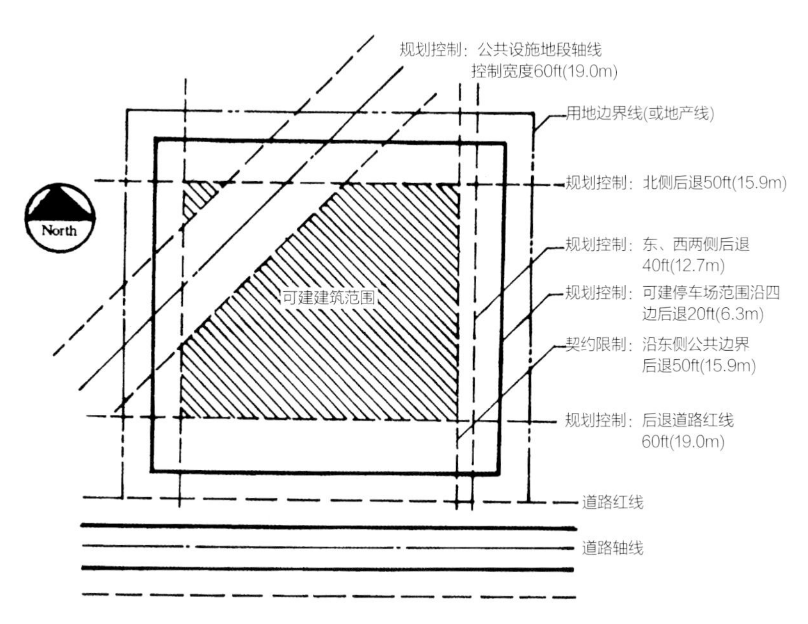

图2–3 建筑后退红线

高层建筑计算高度大于60m时，主楼退让道路红线：临支道后退不小于3m；临次干道后退不小于5m；临主干道后退不小于7m。

新建影剧院、游乐场、体育馆、展览馆、大型商场、星级旅馆等有大量人流、车流集散的建筑，其面临城市道路的主要入口，后退道路规划红线的距离，由城市规划行政主管部门按城市规划要求确定，但不得小于8m。

2.用地面积

用地面积是指可供场地建设开发使用的土地面积，即由场地四周道路红线——地产线所框定的用地总面积。

3.建筑密度

建筑密度指场地内所有建筑的基底总面积占场地总用地面积的百分比（%），又称为建蔽率、（建筑）覆盖率。

建筑密度指场地内土地被建筑占用的比例，即建筑物的密集程度，反映了土地使用的效率。建筑密度越高，场地内的室外空间越少，可用于室外活动和绿化的土地越少。可见，建筑密度间接反映了场地内开敞空间的比例，并与场地的环境质量相关。建筑密度过低，则场地内土地的使用不是很经济，会造成土地的浪费；过密，又会引起场地环境质量的下降。可见，场地的建筑密度应有一个合理的取值，它受到建设项目的性质、建筑层数与形式、场地的位置与地价的因素的制约，应视具体情况认真分析。

4.建筑限高

建筑限高的控制与建筑层数的控制要求基本类似。住宅建筑按照高度限制，1～3层为低层，4～6层为多层，7～9层为中高层，10层以上为高层；公共及综合性建筑，总高度超过24m为高层。建筑物高度超过100m时，不论住宅还是公共建筑均为超高层。平均层数是指场地内所有建筑物的平均层数。

5.容量控制

场地的建设开发容量反映着土地的使用强度，既与业主对场地的投入产出和开发的收益率直接相关，又与工作的社会效益、环境效益密切相关，是影响场地设计的重要因素。容量控制指标一般在控制性详细规划中确定，由当地的城市规划主管部门负责管理。最基本的容量控制指标是容积率，此外还有建筑密度和人口密度等。（图2-4、图2-5）

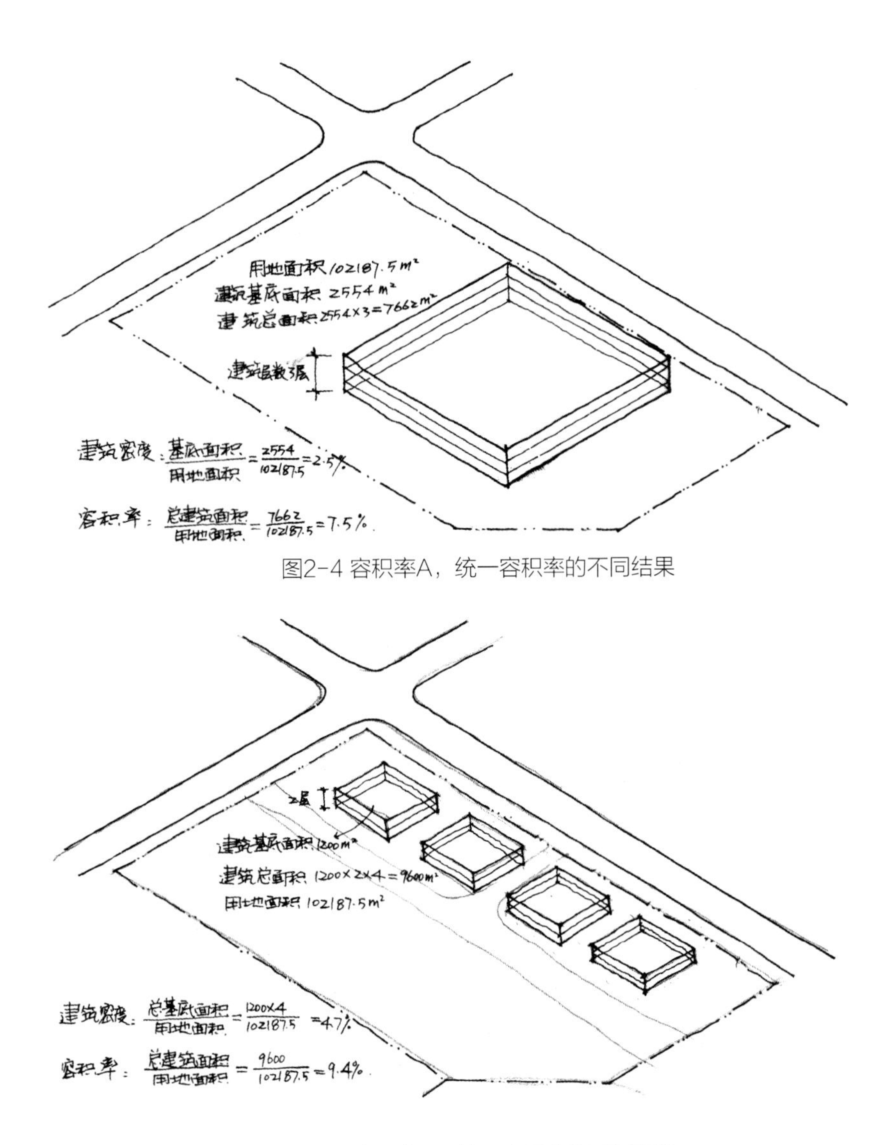

图2-4 容积率A，统一容积率的不同结果

图2-5 容积率B，统一容积率的不同结果

容积率是指场地内所建建筑的总建筑面积与该场地总用地面积的比率，表达为一个无量纲的比值。其中总建筑面积包括地上、地下各部分面积的总和。

容积率的作用非常重要，有以下三个方面需要我们认识：

（1）容积率与土地使用：直接反映了土地投入和建筑面积产出之间的关系。相同的用地面积，容积率越高则建成的建筑面积越大，它反映着土地使用强度的状况。

（2）容积率与经济：在一定的市场条件下，单位面积综合土地价格与单位建筑面积价格基本稳定；在场地用地面积确定后，容积率的大小决定了场地开发收益率的高低，也反映了土地使用的经济效益。开发商对利润的追求，使其对场地的容积率指标有不断提高的要求。

（3）容积率与环境：容积率是场地内单位面积土地上所负载的建筑面积量，容积率的增大势必因其平面上建筑密度增大和空间上建筑层数的提高，从而引起场地内决定日照、通风、绿化条件的室外空间的减少，并使得反映室外环境审美要求的建筑体量膨胀。可见，容积率一定程度上反映了环境的质量。

6.绿化覆盖率

绿化覆盖率（%）=植被覆盖面积（m^2）/场地用地面积（m^2）×100%

在统计植被覆盖率时，乔灌木按树木成材以后树冠垂直投影面积计算（与树冠下土地的实际用途无关）；多年生长的草本植物按照实际占地面积计算，但与乔灌木不重复计算，也不包括屋顶、晒台上人工绿化。2010年以后，规划中的绿化覆盖率下限要求达到35%。

二、场地自然要素

1.地形

地形地貌与场地的竖向设计密切相关，直接影响建筑的总体布局和开放空间的布置。规划设计应充分结合特色地貌与地面坡度，尊重场地的自然条件，减少工程难度，塑造空间特色。（图2-6）

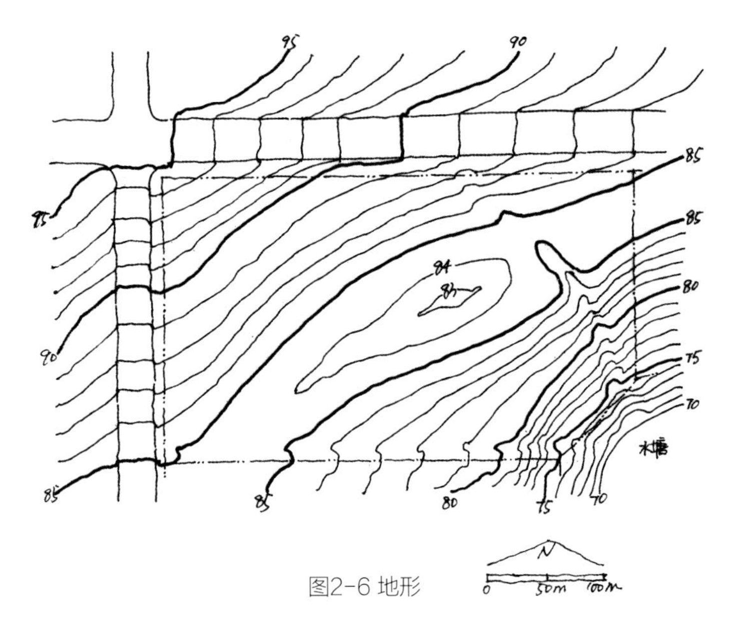

图2-6 地形

2.日照

不同纬度地区的场地接受太阳辐射的强度和辐射率存在差异，会影响建筑物的日照标准、间距与朝向，其中日照间距直接影响建筑密度、容积率和用地指标等。如果题目给定的基地图纸附有风玫瑰图，设计时还要格外注意主导风向对建筑布局、污染状况、居住舒适度等因素的影响。（图2-7、图2-8）

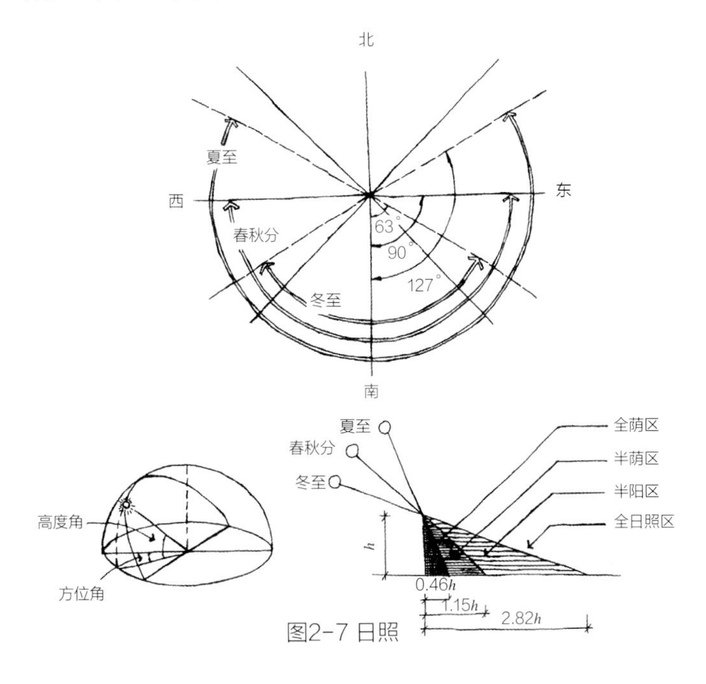

图2-7 日照

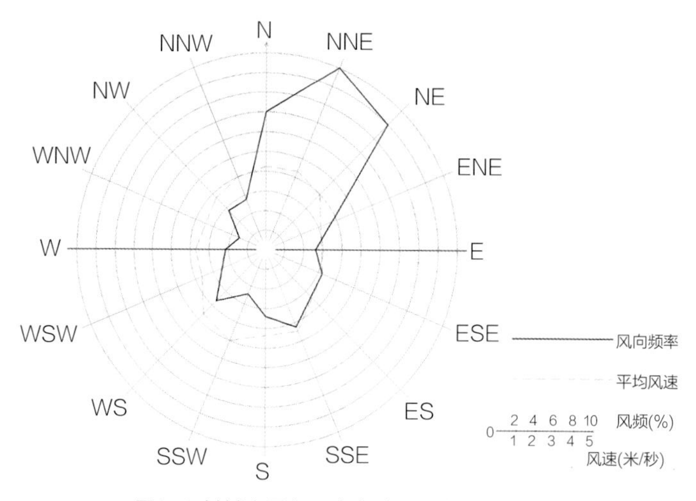

图2-8 某城市累年风向频率、平均风速图

3.通风

规划设计中，群体建筑的通风、防风措施注意留出风廊，疏导风向。（图2-9、图2-10）

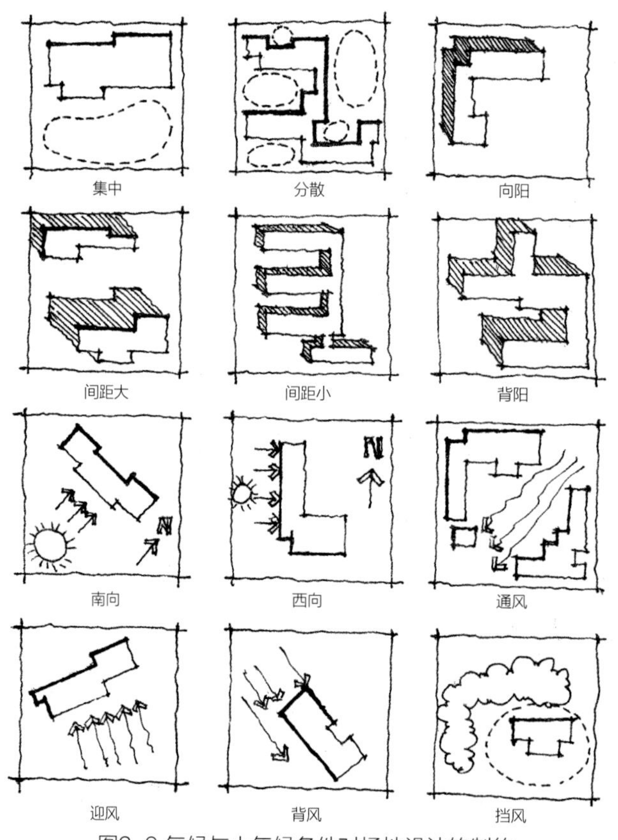

图2-9 气候与小气候条件对场地设计的制约

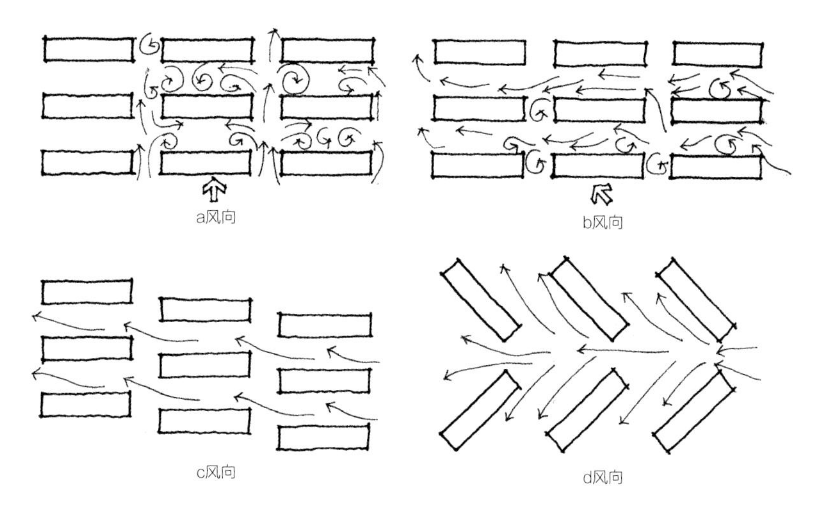

图2-10 建筑布局与主导风向的关系产生不同的风流

4.区位

根据区位条件和周边环境用地条件，规划用地可以分为三种情况：第一种是城市中心区，周边均为商业、办公用地，高楼林立，建筑密度高，道路宽阔。第二种是环境优美的城市用地，邻近城市公共绿地或山川河流等自然生态要素。第三种是基地邻近或者内部保留有传统建筑等。

无论哪一种用地，都应当以整体性为原则，从城市区域的角度来研究规划用地与周边环境用地的关系，空间、体量、界面、视线要有呼应，机动车、人行道等流线要连通，争取较大空间尺度上的空间和谐与功能和谐。第一种用地应当考虑基础设施共享、人流方向、相邻界面的处理；第二种用地，重点考虑以自然生态要素为出发点来确定用地内部空间结构组织、绿地系统组织；第三种主要反映旧城与新城之间的关系。

5.交通

针对周边城市道路状况，规划用地可以分为单边、双边、三边、四边道路规划用地。周边城市道路状况决定了规划用地出入口的设置，从而影响到内部交通组织方式。单边道路用地的机动车出入口没有选择，只能设在仅有的道路上，通常会选在中部位置；如果相邻用地为开放的城市公共绿地或者城市广场，可在不影响其使用前提下设置人行出入口。其他三种用地需要先研究周边道路的性质，通常机动车出入口尽量避免设置在城市主干道上，而是设置在城市次干道、城市支路上。

6.边界

针对规划用地的形状特征，可以分为规则用地（通常为正方形、长方形）、不规则用地（如梯形、“L”形、三角形）两种。如果是规则用地，考生可以把平时自己积累熟悉的规划结构套进去；如果是不规则用地，则能考查出考生对空间、交通能力组织的基本功。在组织空间、布局建筑的时候，建议在不影响朝向的前提下将建筑贴边布置，尽可能反映出用地的形状特征，同时把基地充分利用起来。

7.遗迹

名胜古迹、名木古树都有可能是规划设计中的遗迹。对于建筑物，符合用地功能就需要把保留物组织到自己的整体方案中，绝不能置之不理。对于需要规避的因素，如高压线等，可通过道路绿化将其隔离。对于名木古树，应视其为重要的景观节点、标志物来利用，如果是成片的树林，则应以此作为基础组织自己的绿化系统。

三、规划要素

1.交通

（1）外部交通

城市道路外部交通分为四个等级：

①快速路：6～8车道，设计时速为80km/h；

②主干路：6～8车道，设计时速为60km/h；

③次干路：4～6车道，设计时速为40km/h；

④支路：3～4车道，设计时速为30km/h。

每条机动车车道宽3.5m～3.75m。（图2-11、图2-12）

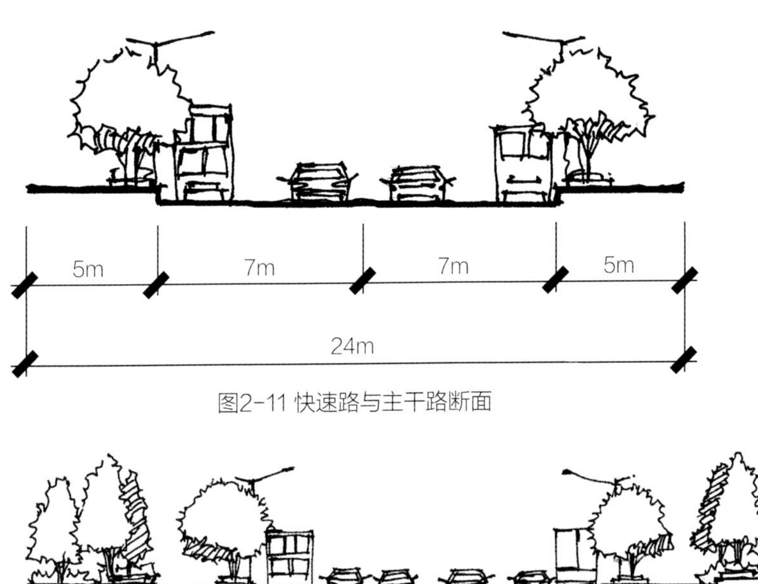

图2-11 快速路与主干路断面

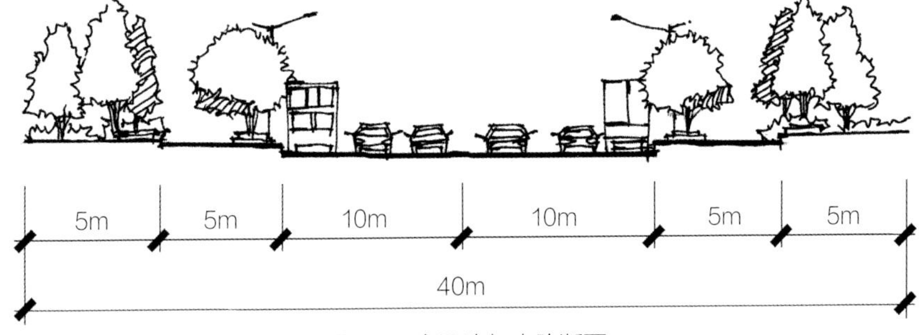

图2-12 次干路与支路断面

根据国内各城市建设道路的经验，机动车道（指路缘石之间）的宽度，双车道取7.5m～8.0m，三车道取11m，四车道取15m，六车道取22m～23m，八车道取30m。

道路断面类型分为：两板三带、三板四带、四板五带。（图2-13～图2-15）

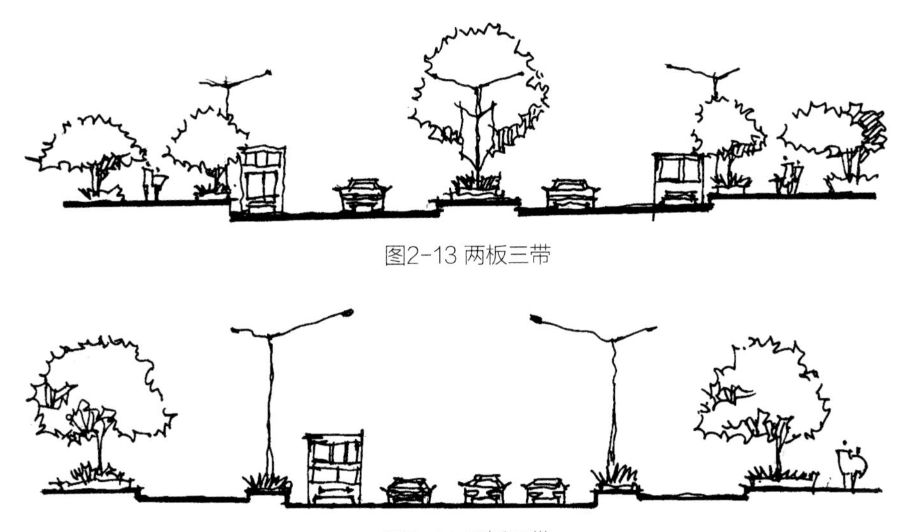

图2-13 两板三带

图2-14 三板四带

图2-15 四板五带

（2）内部交通

居住区内部交通分为四个等级：

①居住区道路（宽度不小于20m）；

②小区路（路面宽6m～9m）；

③组团路（路面宽3m～5m）；

④宅间小路（路面宽不宜小于2.5m）。

居住区内部主要道路至少应有两个出入口；居住区内道路至少应有两个方向与外围道路连接；机动车道对外出入口间距不应小于150m。沿街建筑物长度超过150m时，应设不小于4m×4m的消防车通道。居住区内设置尽端式道路的长度不宜大于120m，并应在尽端设不小于12m×12m的回车场地。

交通流线的基本结构：分为C型路网、核心环路网、中心环路网、外环路网、线型路网等。（图2-16、图2-17）

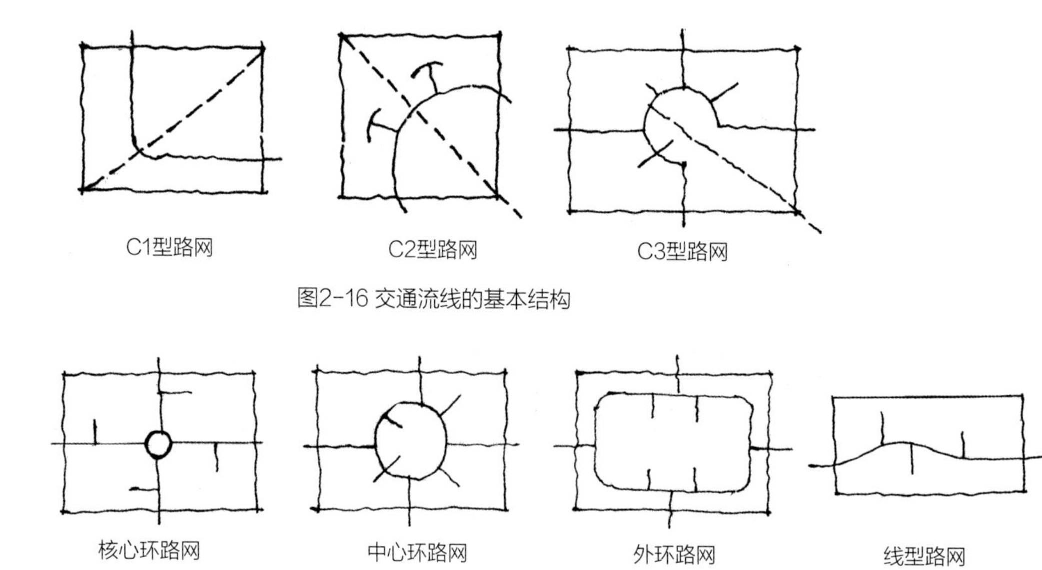

图2-16 交通流线的基本结构

图2-17 交通流线的基本结构

（3）动态交通

①场地出入口：场地与周边道路的衔接应遵循有关的技术规定：机动车出入口距大中城市干道交叉口的距离，自道路红线交叉点起不应小于70m；距非道路交叉口的过街人行道边缘不应小于5m；距公共交通站台边缘不应小于10m；距公园、学校等建筑物的出入口不应小于20m；当基地与城市道路衔接的通路坡度较大时，应设缓冲段。

②回车场的相关尺度要求：尽端式车道超过35m就需要设置回车场。道路尽头设置回车场时，回车场面积应根据汽车最小转弯半径和路面宽度确定，以下是常见回车场形式与尺寸。（图2-18）

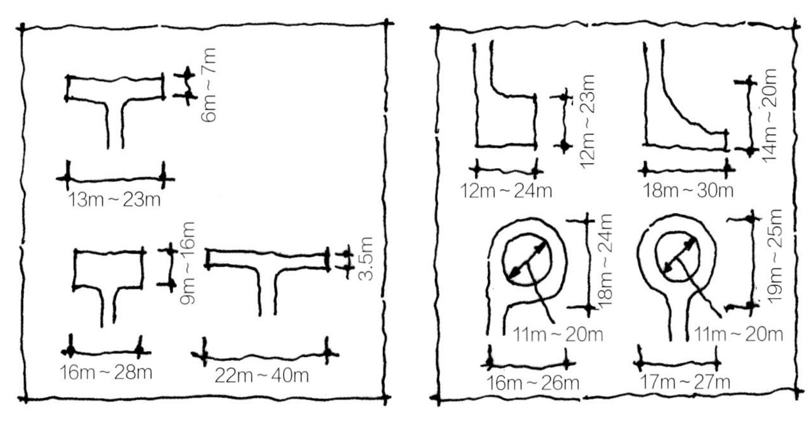

图2-18 回车场

（4）静态交通

汽车的使用有动、静、行、停，并且对于大部分非营运车辆来说，停车的时间要比行车的时间多得多，道路和停车场作为解决动静交通的设施都是必不可少的。

车辆停放方式有以下三种（图2-19）。

①垂直式

特点：停车带较宽（需要按最大车身长度考

虑）、行车通道较宽，停车紧凑；车辆驶入驶出便利，单位停车面积较小，用地节省。是一般停车场中最常用的停车方式。

②斜列式

斜列式分为45°、60°、30°及倾斜交差四种形式。

特点：停车带的宽度因车身长度与停放角度而异，对场地的形状适应性强；车辆停放灵活，车辆驶入或驶出方便，有利于迅速停置与疏散。因会形成大量利用率不高的三角地块，其单位停车面积较垂直停车方式大。适宜于场地的宽度、形式等受到限制的情况。

③平行式

特点：停车带狭窄，驶入驶出车辆方便、迅速，适宜停放不同类型的车辆，但单位停车面积较大。常见形式一般为狭长场地或路边停车。

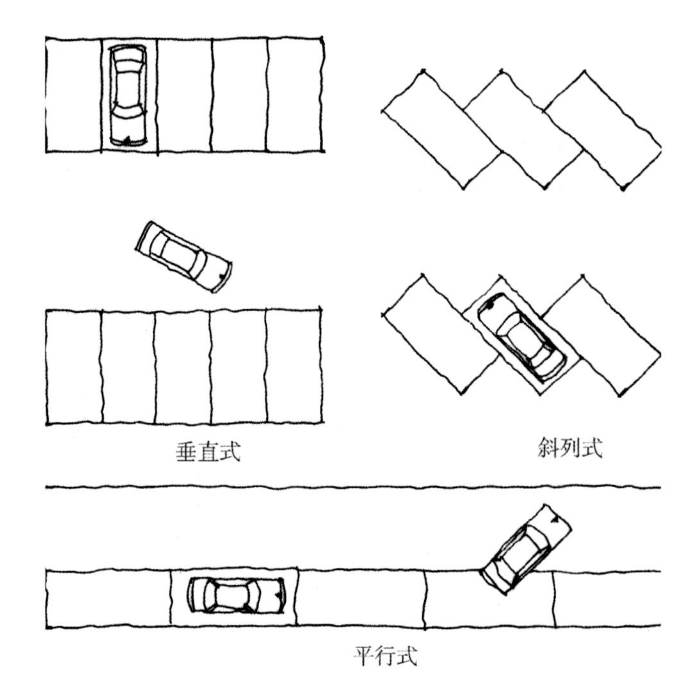

图2-19 车辆停放方式

单位停车面积的估算：小轿车$25m^2 \sim 30m^2$（地面），$30m^2 \sim 35m^2$（地下）。标准小汽车的停车位尺寸为$2.5m \times 5m$。

各类建宅停车位数配数表

类别	单位	停车位数	类别	单位	停车位数
旅馆	每客房	0.08～0.2	医院	每100㎡	0.2
商业点	每100㎡	0.3～0.4	火车站	高峰日每100位旅客	2.0
影剧院	每一百个座位	0.8～3.0	游览点	每100㎡	0.05～0.12
展览馆	每100㎡	0.2	住宅	高级住户	0.5

2.建筑

建筑物是场地内的实体要素。实体布局与基地的关系主要体现为建筑物在基地中的位置与基地使用模式之间的关系。建筑物在基地中的位置一旦确定，那么基地的基本使用方式也就被确定下来，建筑物在基地中布局位置的不同，也会导致基地使用模式的不同。从另一角度看，布局与用地模式的关系又是基于建筑物的占地规模与基地自身规模之间的比例关系而确定的。当这二者的比例关系处于不同的状态时，建筑物在基地中的位置选择也会有不同的倾向，进而整个基地的使用模式也会有显著的不同。

（1）实体为核心的布局

这种形式中，建筑物布置于场地的中央，其他内容散布在它的四周，二者基本上处于一种分离的状态，建筑物是整个结构体系中的枢纽和节点，成为场地中最突出的存在。这种形式主要有以下特点。

①节约用地：场地成为集约式的构架，便于建筑自身的管理。

②秩序简明：以建筑物为中心，其他内容环绕其四周。

③建筑特征鲜明：建筑的视觉形象大为增强。然而，这样的布局方式也有其弊端，就是会使环境过于单调而失去丰富性和层次变化。（图2-20）

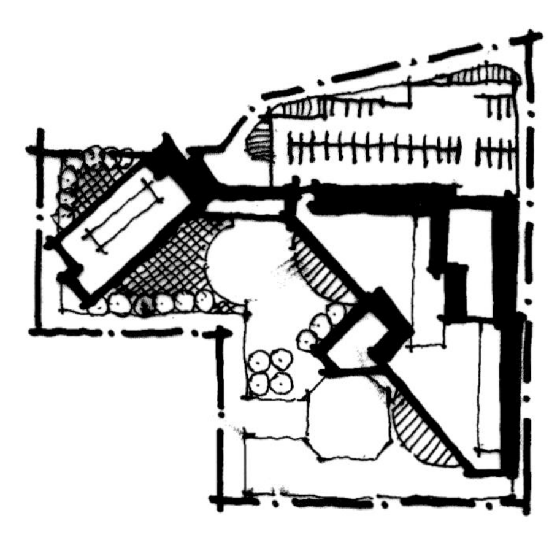

图2-20 实体为核心的布局

（2）相互间穿插的布局

这种布局形式是指实体与其他内容基本上采取的是分散的布置形式，它们相互穿插在一起，彼此呈交错状态，它注重的是各种要素之间的均衡。它的主要特点如下。

①灵活性和变化性是其最大的特点，建筑与其余的内容结合得更为紧密，空间层次更为丰富，富有层次。

②建筑体量分散布局有利于与周围相邻场地衔接，使之融合于场地。这种布局也容易造成场地各部分之间特别是建筑之间的联系不够紧密，流线过长，造成使用上的不便。（图2-21）

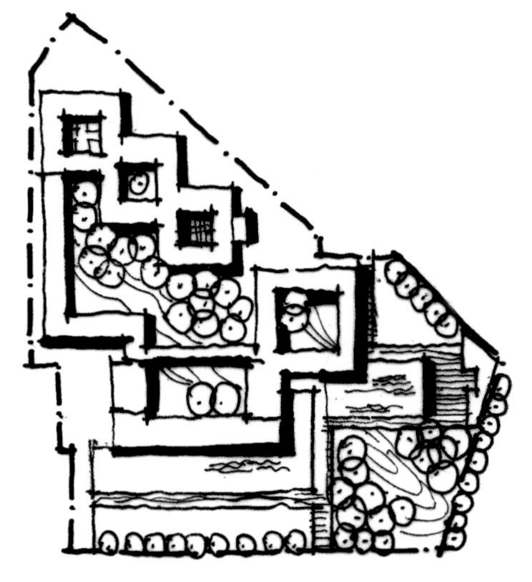

图2-21 相互间穿插的布局

（3）其他内容为核心的布局

在这种布局形式中场地的中心不是建筑而是庭院、广场、绿化等。一般情况下，这种形式中建筑以外的内容是场地更为重视的方面。它的主要特点如下。

①场地各部分特别是建筑之间的联络是通过中央的内容实现的，使建筑与各部分的联系更为紧密。

②布局整体感比较强，较其他布局结构的秩序性更强。

③空间倾向于向内的围合性，强调场地自身的完整性。

这种布局和实体为核心的布局方式都有单调的不足，并且空间过于内向而和外界环境缺乏衔接和过渡。（图2-22）

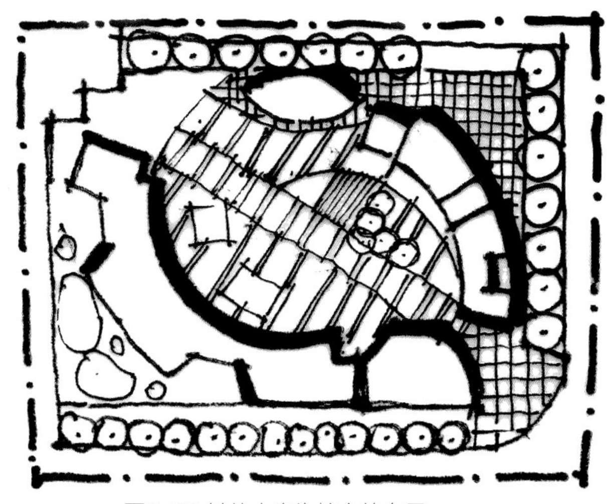

图2-22 其他内容为核心的布局

3.绿化

城市绿地是指以自然植被和人工植被为主要存在形式的城市用地，包括公园绿地（G1）、生产绿地（G2）、防护绿地（G3）、附属绿地（G4）、其他绿地（G5）。其中公园绿地又可以分为综合公园、社区公园、专类公园、带状公园和街旁绿地。城市公共生活广场集中成片绿地不应小于广场总面积的25%。

居住区内的公共绿地，应根据居住区不同的规划布局形式设置相应的中心绿地，以及老年人、儿童活动场地和其他的块状、带状公共绿地等。居住区内公共绿地的总指标应根据居住人口规模分别达到：居住区（含小区与组团）不少于1.5m^2/人，小区（含组团）不少于1m²/人，组团不少于0.5m²/人，并根据整体规划布局统一安排、灵活使用。绿地率为：新区建设不应低于30%，旧区改造不宜低于25%。组团绿地设置应满足有不少于1/3的绿地面积在标准的建筑日照阴影线范围之外的要求，并便于设置儿童游戏设施和适于成人游憩活动。其他块状、带状公共绿地应同时满足宽度不小于8m，面积不小于400m²。

按照绿化所在区域与功能，又分为独立绿地、集中绿地、边缘绿地三种情况。（图2-23）

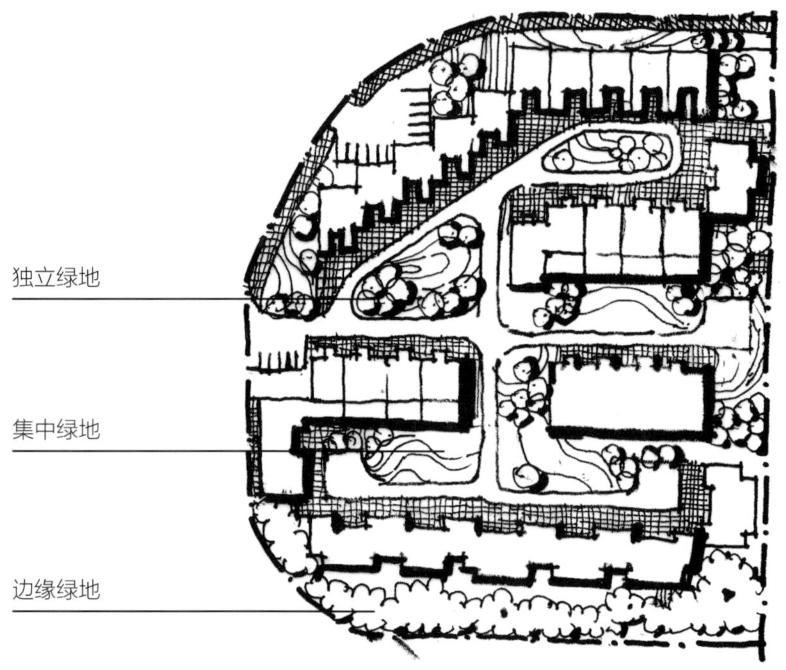

图2-23 三种绿地分布

4.广场

根据构成要素，广场可分为建筑广场、雕塑广场、水上广场、绿化广场等。根据国家相关规定，为了节约使用城市土地，城市广场的用地规模应遵守下列规定：小城市中心广场的面积10000m²～20000m²，大中城市中心广场的面积30000m²～40000m²。

广场设计的主要内容包括处理好广场的面积与比例尺度、广场的空间组织、广场上建筑物和设施的布置、广场的交通流线组织、广场的地面铺装与绿化、城市中原有广场的利用改造。

在城市广场的空间组织中，轴线的运用是当场地具有一定规模时的有效方法之一：既便于组织广场内部的活动分区和景观秩序，又有助于同周边环境取得联系。

四、规划结构

1.空间组织形式

（1）轴线对称型

通过空间轴线组织开敞空间和建筑形体，形成有秩序的空间系列，这是较为常见的方法之一，它的本质是一种基准，确定了空间形态的主要结构秩序，可以与道路、用地边界平行或垂直，也可以是斜的。

例如在著名的罗马市政广场改建中，米开朗基罗成功地运用轴线建立了广场的空间秩序，并巧妙地运用地面铺装设计，强调了轴线与中心雕塑的联系，将建筑、雕塑、广场、地面铺装在轴线上统一起来，给人强烈的空间感染力。（图2–24）

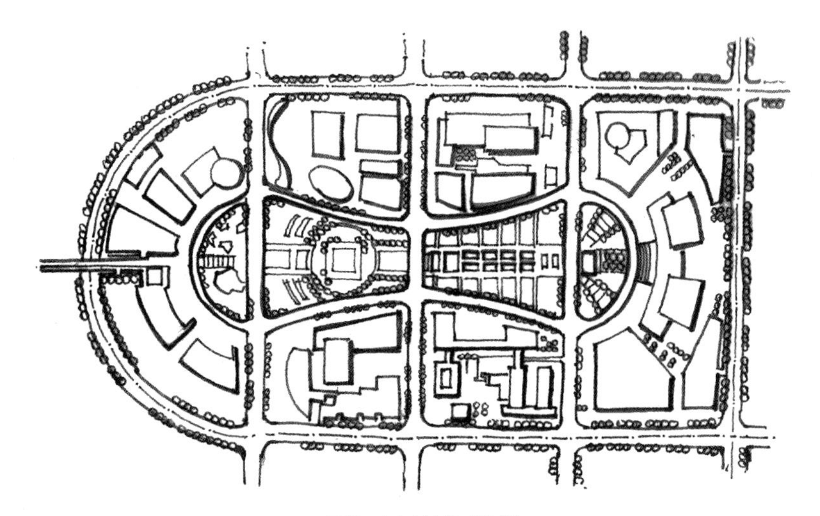

图2-24 轴线对称型

（2）圈层型

以一个建筑实体或者广场为核心，以具有不同特点的圈层逐步向外展开，形成分区明确、有空间联系的整体关系。划分时可以根据建筑层数区分为高层建筑圈、多层建筑圈，或者以功能区分商业圈、文化圈、休闲活动圈、绿地圈等。（图2-25）

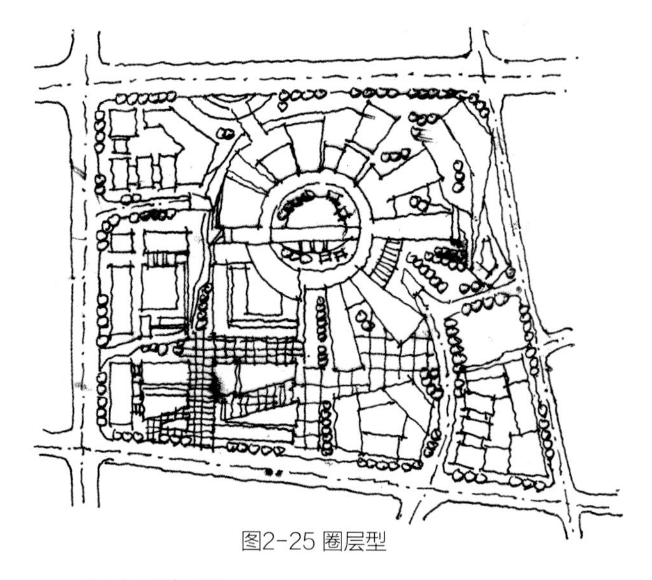

图2-25 圈层型

（3）平行型

这是基于平行式功能分区方法建立的空间结构，不同的功能空间相对独立，通过河流或道路等要素相隔离。（图2-26）

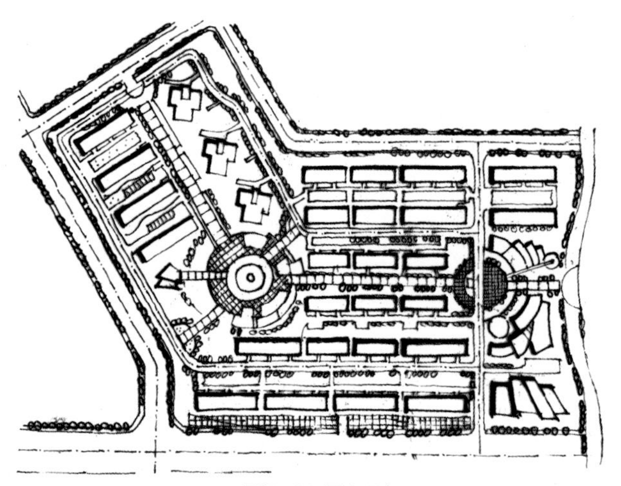

图2-26 平行型

（4）四菜一汤型

它将不同的建筑分组成团，相对独立布置，在公共区布置公共开放空间，四平八稳。（图2-27）

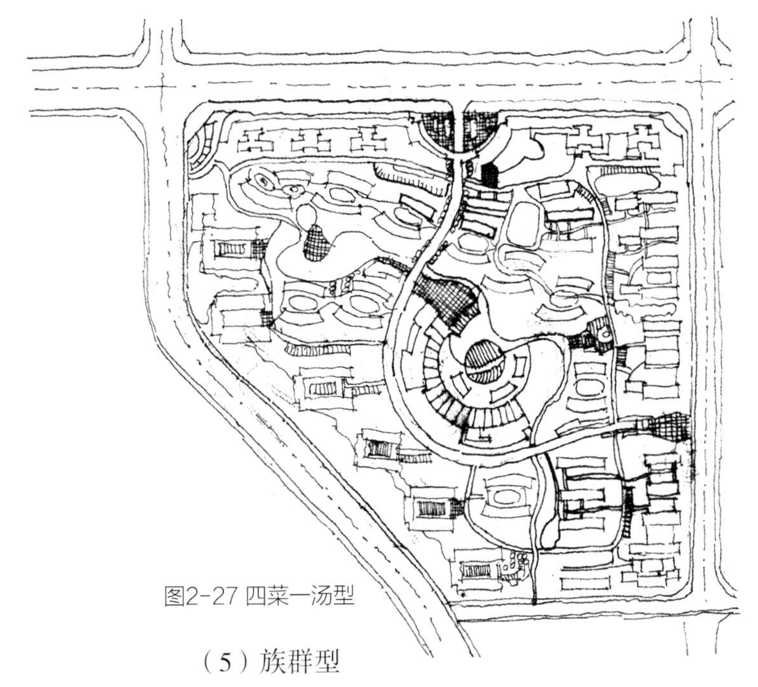

图2-27 四菜一汤型

（5）族群型

它适用于自由形态自然要素的用地，绿地率要求较高，在与地形相结合时需要花较多的时间进行细致处理。（图2-28）

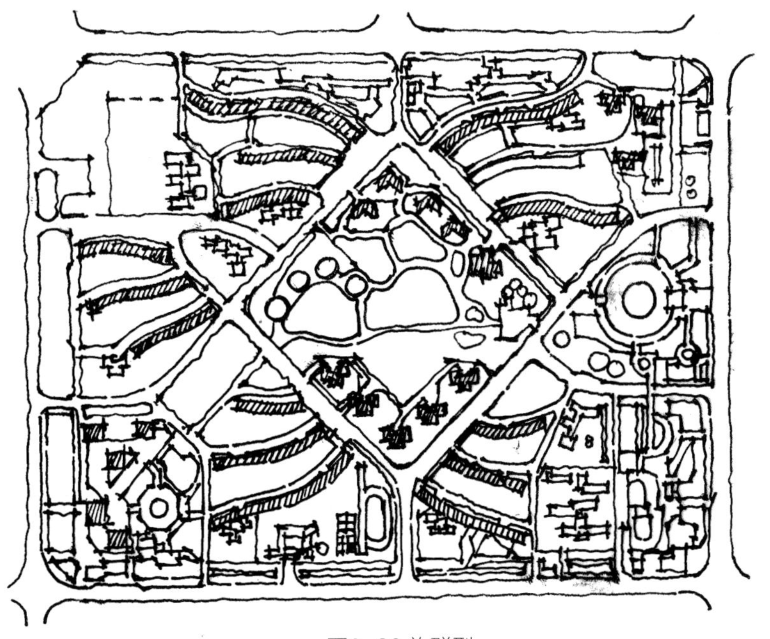

图2-28 族群型

2.总体布局形式

（1）向心集中布局

向心集中布局通常是一组建筑围绕一个核心集中布置，这个核心一般能够承载重要的公关活动功能，可以是一个广场、一个重要的交通节点，或者是重要的公共建筑。集中布局的建筑群向心性强，容易形成强烈的组团感，通常用于城市中心或者相关功能聚集区等对某种公关活动需求较为强烈的地段。（图2–29）

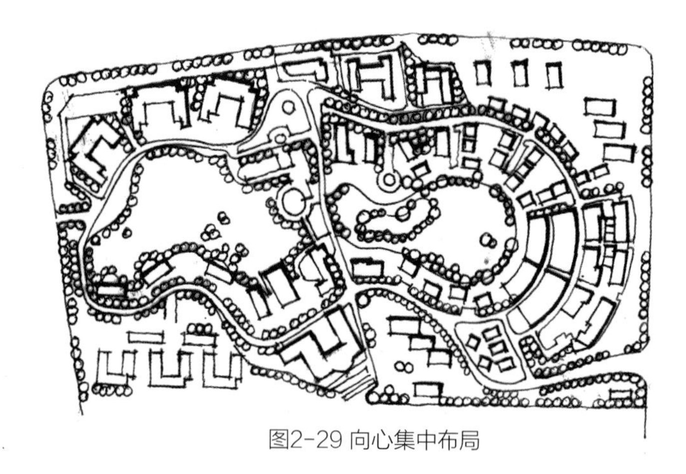

图2–29 向心集中布局

（2）带状序列布局

带状序列布局通常是建筑沿着主要道路、河道或者空间轴线等线性城市空间布置，形成一系列建筑群。在带状布局中，建筑群和串联其中的广场、绿地等城市空间形成富于变化的节奏空间序列。带状序列布局可以是城市的空间轴线，也可以是重要的发展轴线。（图2–30）

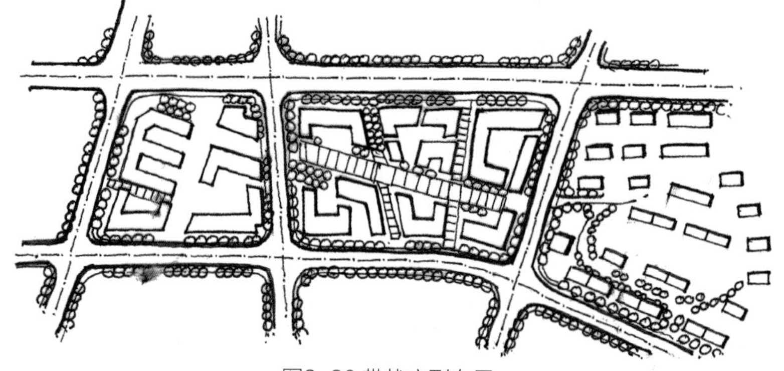

图2–30 带状序列布局

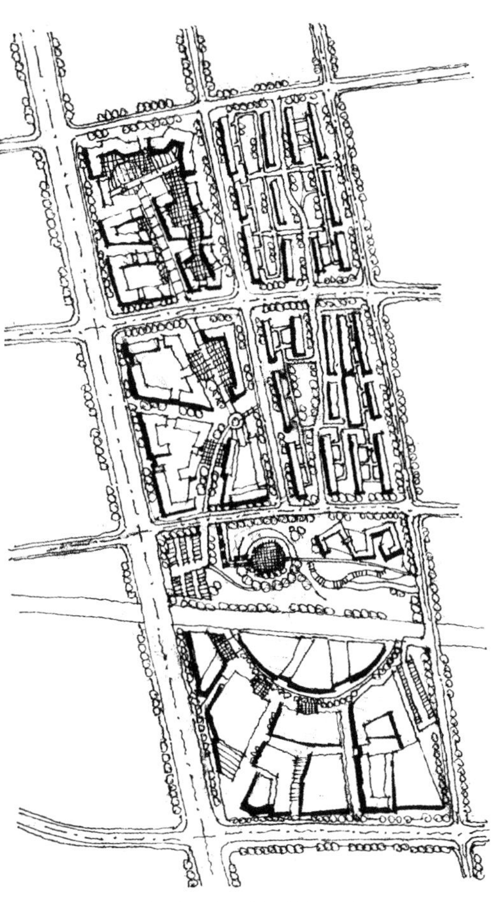
图2-31 网格规整布局

（3）网格规整布局

网格规整布局是城市历史发展中形成的比较成熟，也比较常见的城市布局模式。在城市设计中，这种布局模式常见于城市中心区、城市新区，根据所处区位不同，道路网格的密度也有所差异，地块四周都有界面，这样的格局，能够让街区四周的经济效益最大化地发挥出来。（图2-31）

（4）自由有机布局

自由有机布局一般是因地制宜，结合地形地势、河流水系，因势布局，形成生动自然、有机错落的建筑群形态。这种布局方式强调建筑与自然环境的结合，建筑融入环境，并提高环境品质。这种布局方式常常应用于山地城市、滨水城市和风景区城市设计。（图2-32）

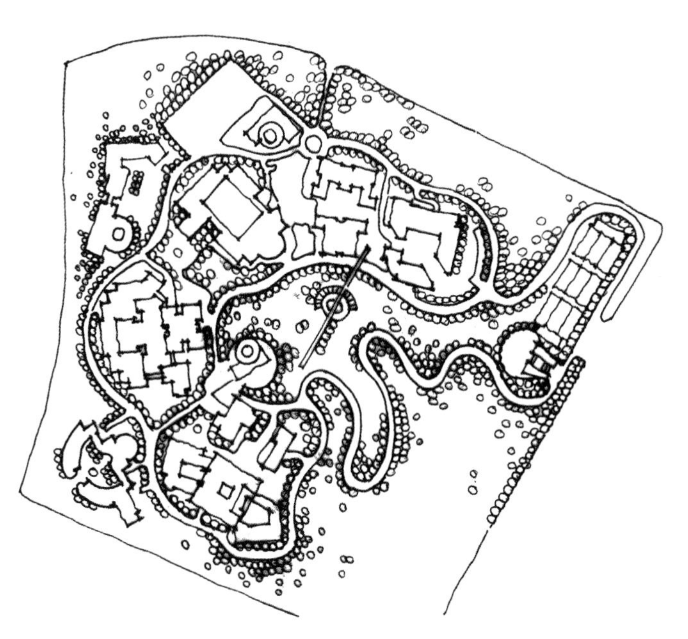
图2-32 自由有机布局

第二节 建筑物的特征

作为规划快题要素之一的建筑物，考生们要花一定的时间来准备。从形态、尺度、组合关系、功能与形式的统一性这几个方面进行系统的梳理，务必掌握几种常用的住宅建筑和公共建筑的平面形态。快题设计中，建筑物的平面形态反映出考生的基本素质，所以掌握建筑物的特征非常重要。从简单到复杂的形态，要做到言之有物，下笔有数。规划快题当中，主要的精力将用在总平面土地利用与分配上，因此，在快题设计中，对于建筑更关注平面的形态，立面和体量是下一步解决的问题。

一、掌握建筑构成形态语言

1.二元建筑形态

二元建筑的空间形态主要展现出建筑在相对位置、方向及结合方式上的不同组合，从而构成在空间上有变化、视觉上有联系的空间形态。建筑空间关系的紧密程度、依附程度是至关重要的。（图2-33、图2-34）

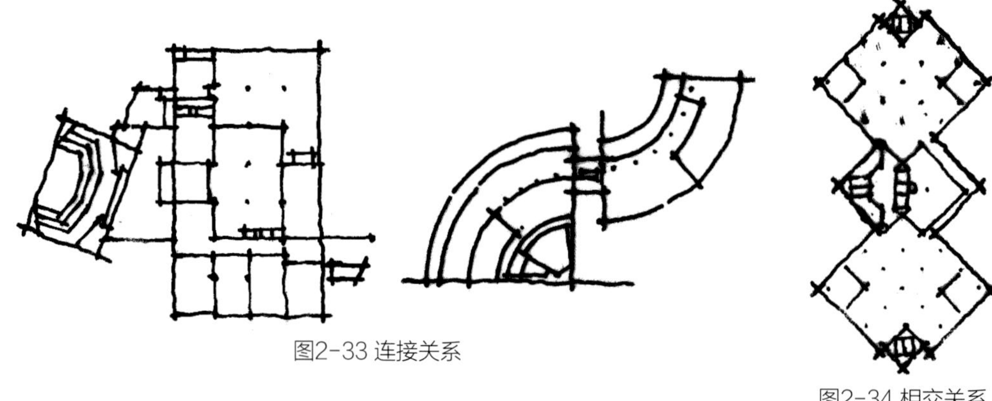

图2-33 连接关系

图2-34 相交关系

2.多元建筑形态

多元建筑的空间形态采用集中、放射、串联的关系，根据场地条件再次进行序列上的组织（图2-35～图2-37）。同学们要逐一掌握和运用建筑学的方法进行空间组织，常用的方法有特异构成法、切分构成法、轴线控制法、母题重复法等（图2-38～图2-41）。

图2-35 集中式构成

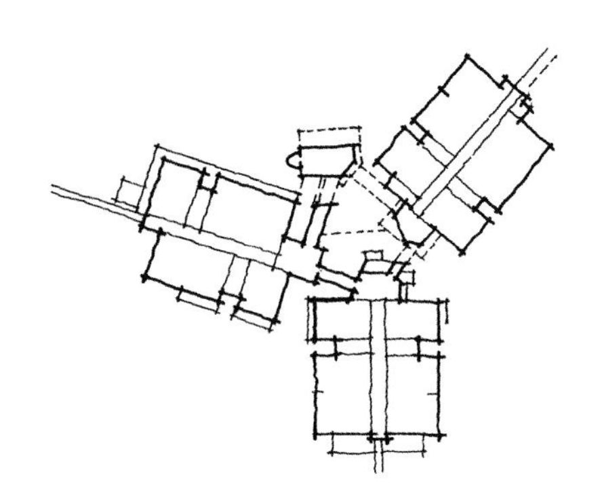

图2-36 放射式构成

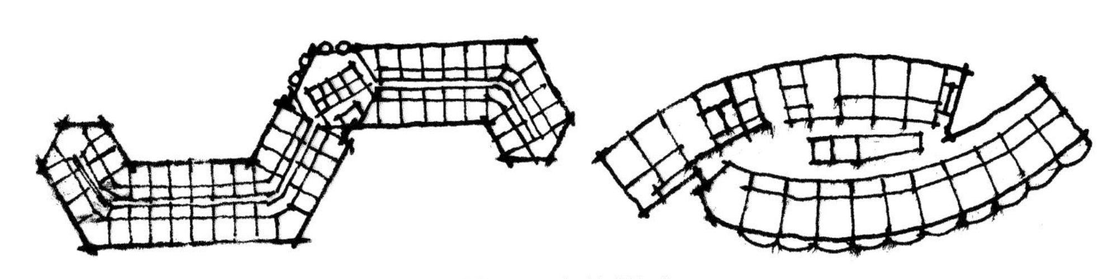

图2-37 串联式构成

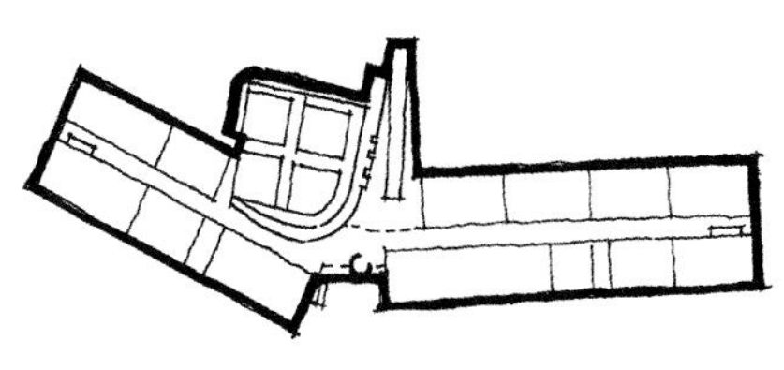

图2-38 特异构成法

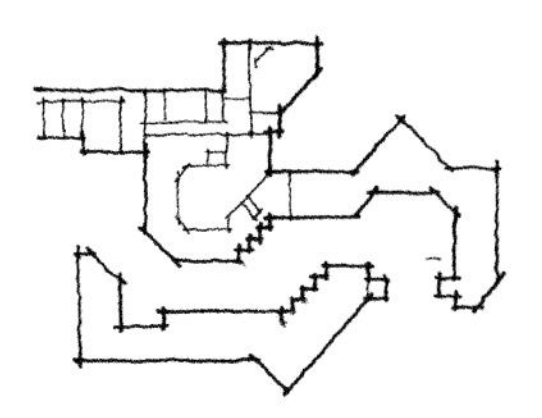

图2-39 切分构成法

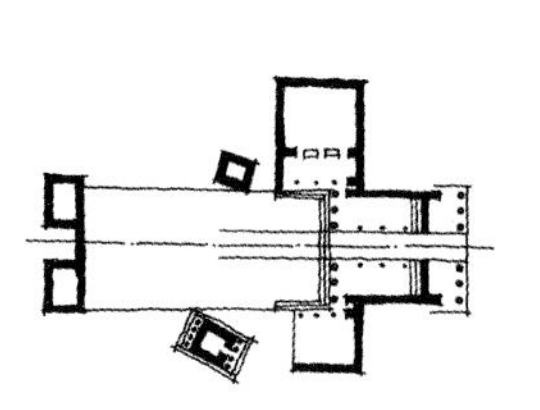

图2-40 轴线控制法

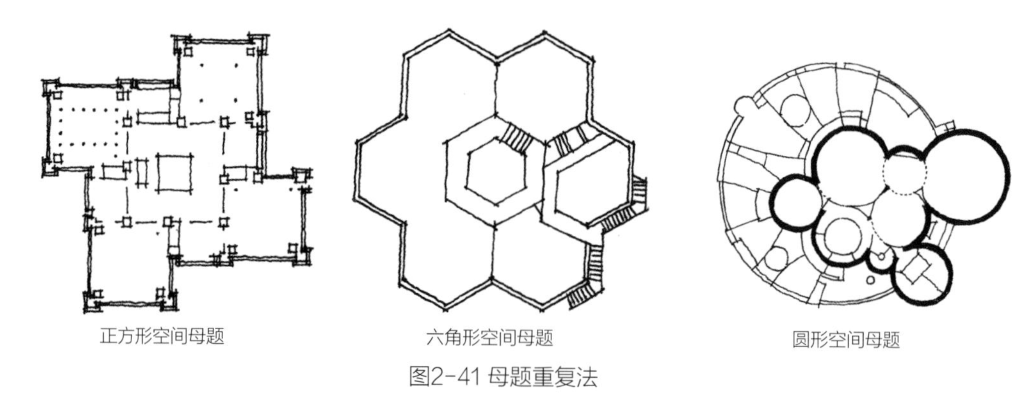

图2-41 母题重复法

二、掌握不同功能的单体建筑

1.住宅

住宅区规划应符合《城市居住区规划设计规范》（GB 50180-93）（2002年版）的相关规定，保障居民的居住条件和环境，经济、合理、有效地使用土地和空间。按照层数，住宅又分为低层住宅、多层住宅、高层住宅。

（1）低层住宅

我国住宅层数划分规定：1～3层的住宅为低层住宅。低层住宅因其院子、户内房间组合与住宅拼联户数等不同情况，可以分为不同的平面形式，如独院式和拼联式。

独院式也称独栋别墅，有独用庭院，环境安静。由于四面临空，平面组合灵活，内部各房间容易得到良好的采光和通风，居住舒适。以方形面积进行快速计算，同时也要注意进深不宜过大。进行快题设计的时候，注意准备一些屋顶样式，以供迅速作业。（图2-42、图2-43）

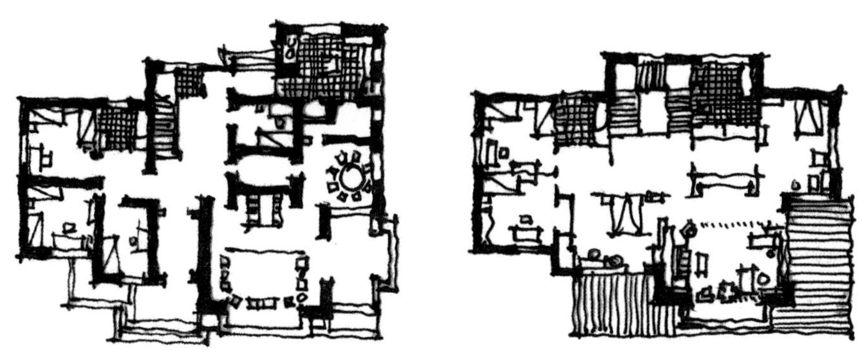
图2-42 低层住宅——独栋别墅

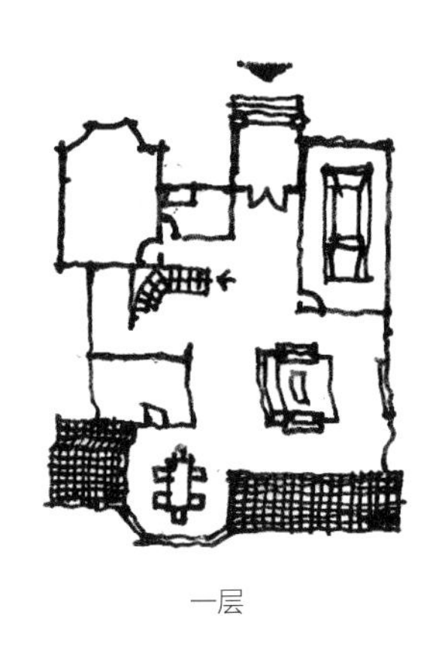

一层

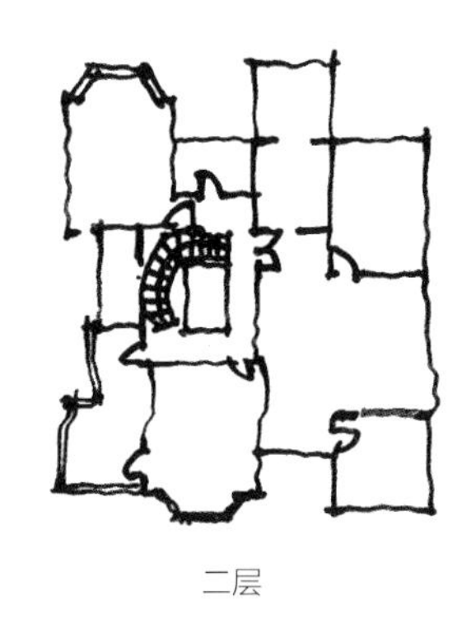

二层

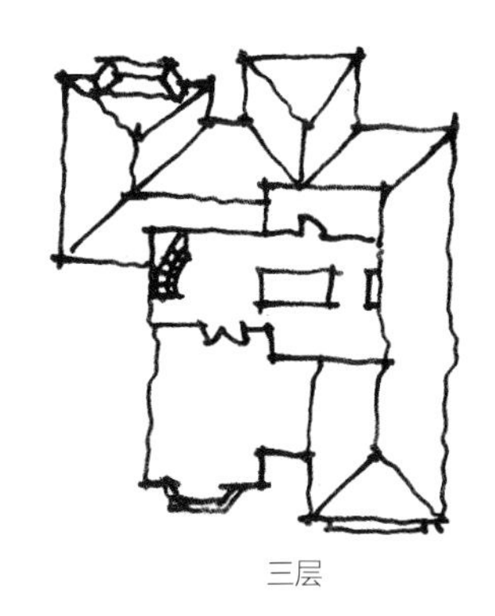

三层

图2-43 独栋别墅

拼联式也称联排式别墅。它比起独栋别墅更加经济。联排的面宽越小，进深就越大，也就越节约土地。开间一般为5m～12m，如果进深过大，还要考虑在进深方向加入天井。拼联式住宅的组合方式有很多，有拼联成排的，也有拼联成团的。快题设计中如果我们能够多积累一些建筑与公共空间的关系的平面布局方式，便会产生更多丰富多彩的空间形态。（图2-44、图2-45）

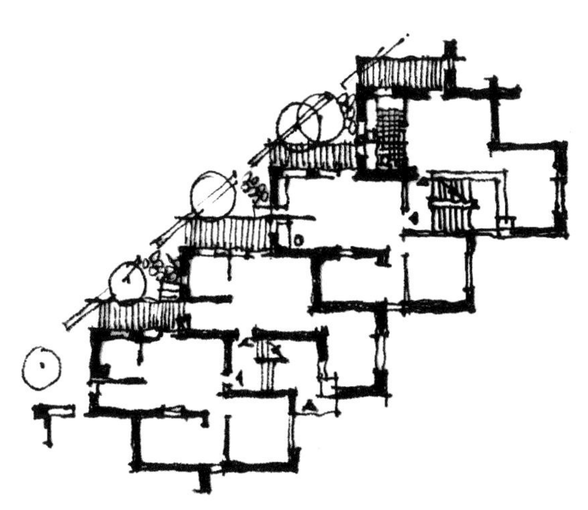

图2-44 低层住宅——联排式别墅

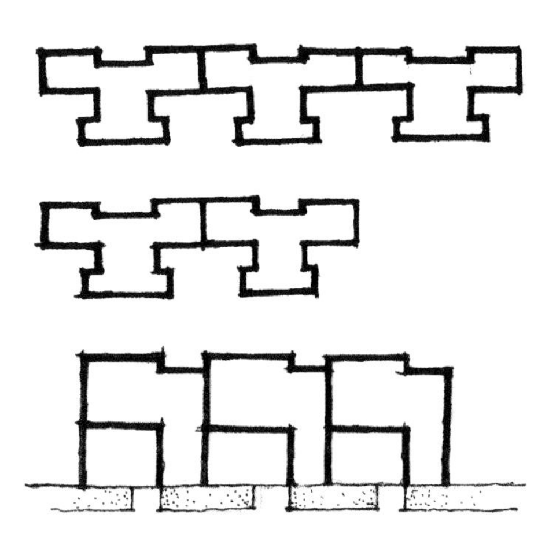

图2-45 联排式别墅

（2）多层住宅

多层住宅一般指4～6层的住宅。多层住宅以公共楼梯解决垂直交通，有时还须设置公共走道解决水平交通。多层住宅的平面类型较多，一般有梯间式、走廊式和独立单元式等。（图2-46）

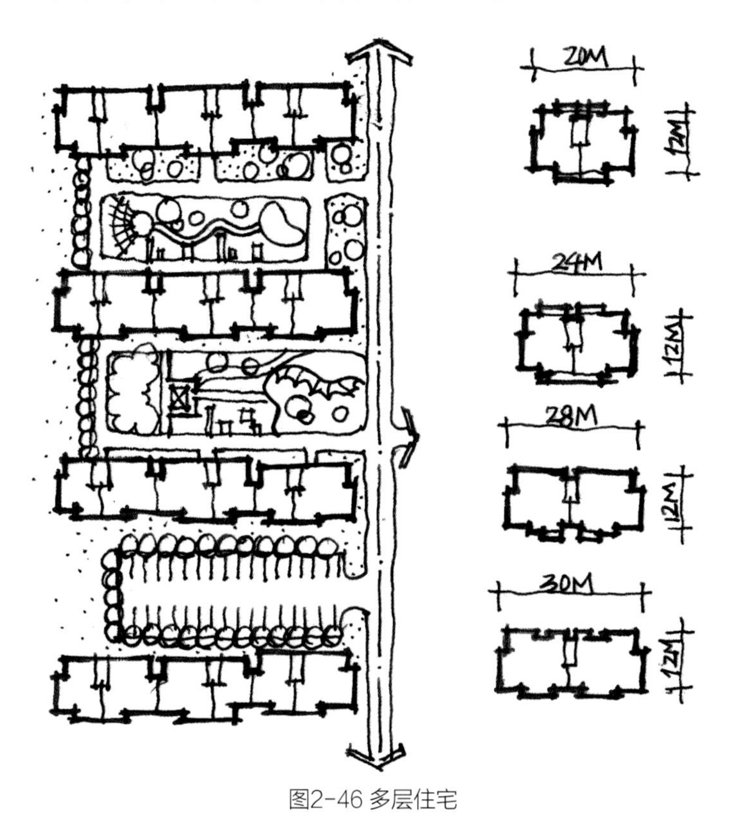

图2-46 多层住宅

（3）高层住宅

高层住宅是用若干完整的单元组合建筑而成的，其体形一般为板式住宅。单元式平面一般比较紧凑，户间干扰小。平面形式既可以是整齐的，也可以是较复杂的，形成多种组合体形。这种类型的住宅也可以采取每隔3～4层设置一个通廊的办法将几个单元联通起来，共用一个电梯，演变成“走廊单元式”，既在竖向上保持了单元式的结构与优

点，又节省了电梯的投资而具有良好的经济性。（图2-47）

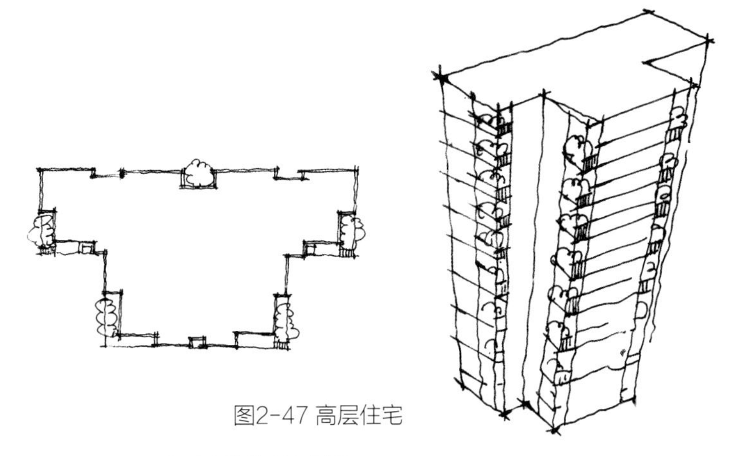

图2-47 高层住宅

2.小型公共建筑

（1）住宅区公共建筑

住宅区内的公共建筑是典型的小型公共建筑，主要包括居民日常生活中经常使用的设施与多种功能区，如社区管理、小型零售、文化教育、福利养老等。住宅区公共建筑具有体量小、形态丰富的特点，常常结合住宅区中重要的景观节点或公共空间进行布置。（图2-48）

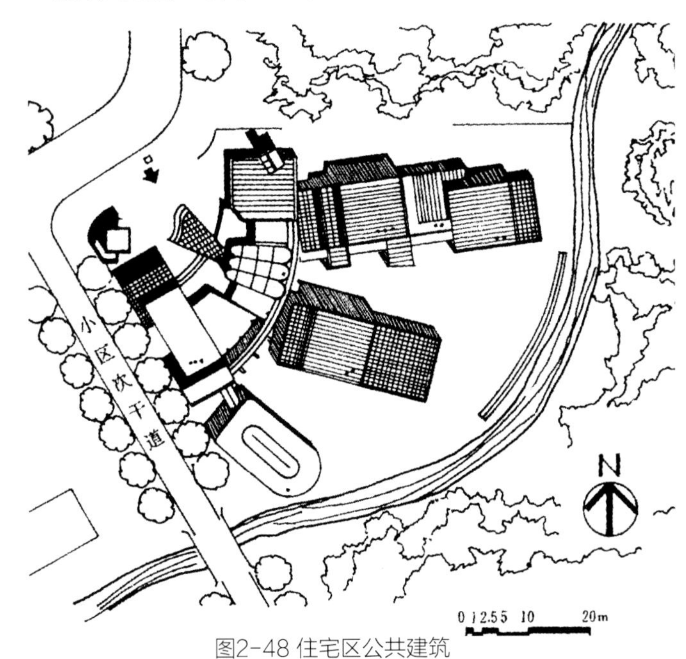

图2-48 住宅区公共建筑

（2）学校和托幼建筑

用地分区：

①建筑用地：包括教学用房及教学辅助用房、校园广场（含校园前区）、道路和环境绿化等用地。

②运动场地：包括课间操、球类运动、田径运动、器械运动等用地。

③绿化及室外科学园地：包括成片绿地、种植、饲养、天文、气象观测等用地。

④其他用地：包括总务库、校办工厂等用地。

学校和托幼建筑设计要求平面布置功能分区明确，布局合理，联系方便，互不干扰；满足教学与教学卫生的要求，可很好地解决朝向、采光、通风、隔音等问题；主要教学用房的外墙面与铁路的距离不应小于300m，与机动车流量超过每小时270辆的道路同侧路边的距离不应小于80m。当不足80m时，应采取隔音措施；建筑容积率，小学不大于0.8，中学不大于0.9。

教学用房大部分要有合适的朝向和良好的通风条件。朝向以南向和东南朝向为主。注意北方地区的室内通风。为了采光和通风，教学楼以单内廊或外廊为宜，避免双内廊。（图2-49）

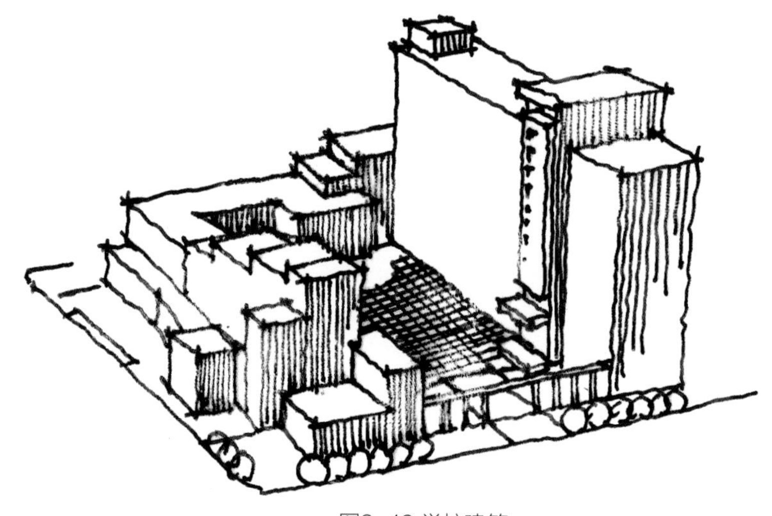

图2-49 学校建筑

3.大型公共建筑

涉及城市商业、商务中心、行政中心、文化中心时，需要配置大量大型公共建筑。常见的大型公共建筑包括商业、办公、旅馆、商业服务、文化娱乐、体育、交通等。在规划设计层面，主要解决它们在规划用地中的布局、用地规模、基本平面形式、与周边环境的关系等问题。（图2-50）

（1）办公类建筑

办公类建筑一般由办公用房、公共用房、服务用房和其他附属设施组成。进行总平面布局的时候要反映出对这几个分区的考虑。例如把规则分布的办公用房独立布置在塔楼中，而把公共用房和服务用房布置在裙房中。六层及六层以上的办公楼应设电梯。主要楼梯及电梯应设于入口附近，位置要明显。办公楼应根据使用要求、基地面积、结构选型等条件按建筑模数确定开间进深，并为以后改造和灵活分隔创造条件。小隔间的办公用房，进深不宜过大，一般为10m～25m。（图2-51）

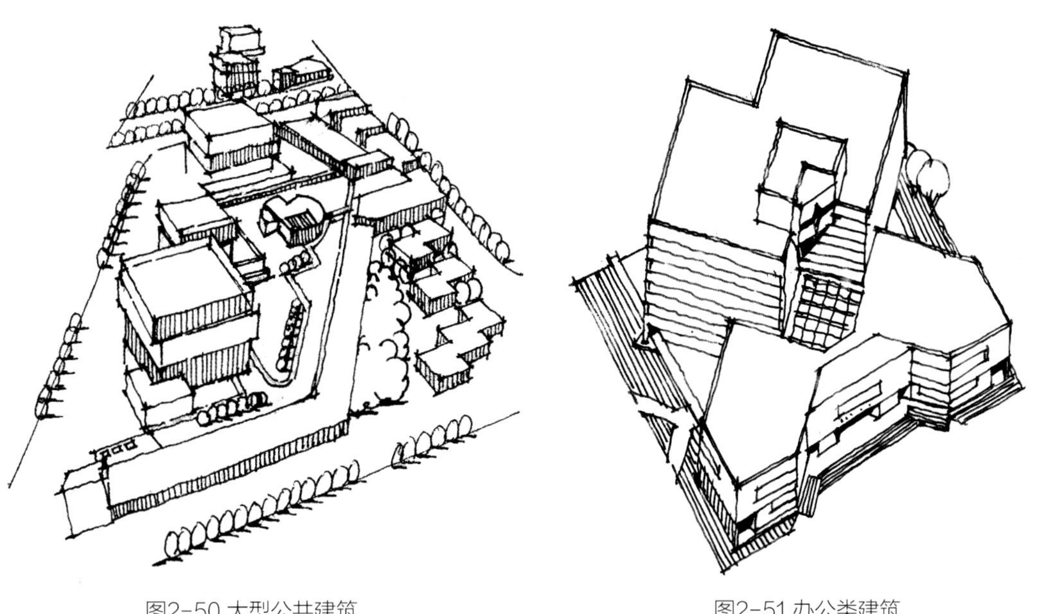

图2-50 大型公共建筑

图2-51 办公类建筑

办公楼的基地覆盖率一般为25%～40%。低层和多层办公楼建筑基地容积率一般为1～2，高层和超高层建筑基地容积率一般为3～5。

（2）旅馆类建筑

旅馆类建筑必须依据旅馆规模、类型、等级标准及基地环境条件、功能要求，进行平面组合、空间设计。在进行旅馆类建筑设计时要重点注意旅馆与城市环境的关系。（图2–52）

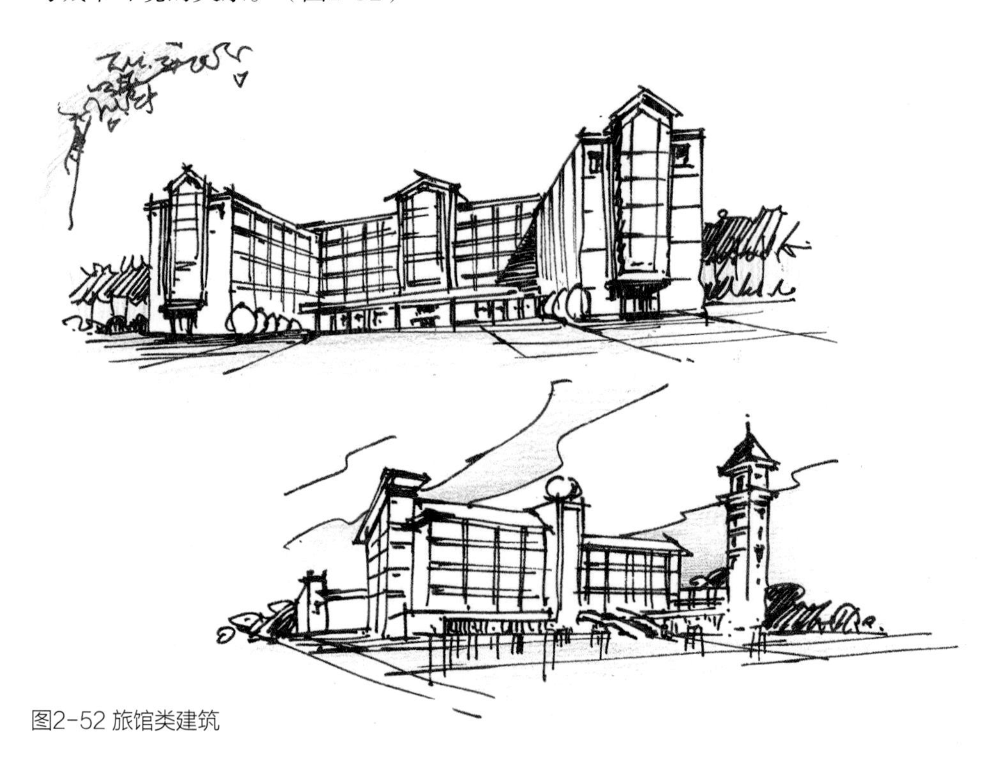

图2–52 旅馆类建筑

一是处理好主体建筑与辅助建筑之间的关系：主要入口必须明显，并与主要客流方向一致。场地布局应结合旅馆建筑的功能分区，明确表明人流、货流、车流的相互关系。应根据建筑的规模设置必要的停车空间，或设置公用停车场地。

二是主体建筑进深适合客房组织的要求。进行比较简单的布局时采用线式平面形式，通常只有高层、超高层酒店才采用点式集中平面形式。

（3）商业类建筑

为满足社会需求和适应城市发展，商业服务设施与其他用途的建筑类型结合而形成的复合商业建筑，具有节约城市用地、集中使用能源、综合多种功能的优点。其组合方式有叠加式、中庭式、并列式、相贯式、分离式等，在设计中应注重解决由于功能综合而出现的多股流线、多向进出口、内外交通连接、大量积聚人流的疏散安全等问题。（图2-53）

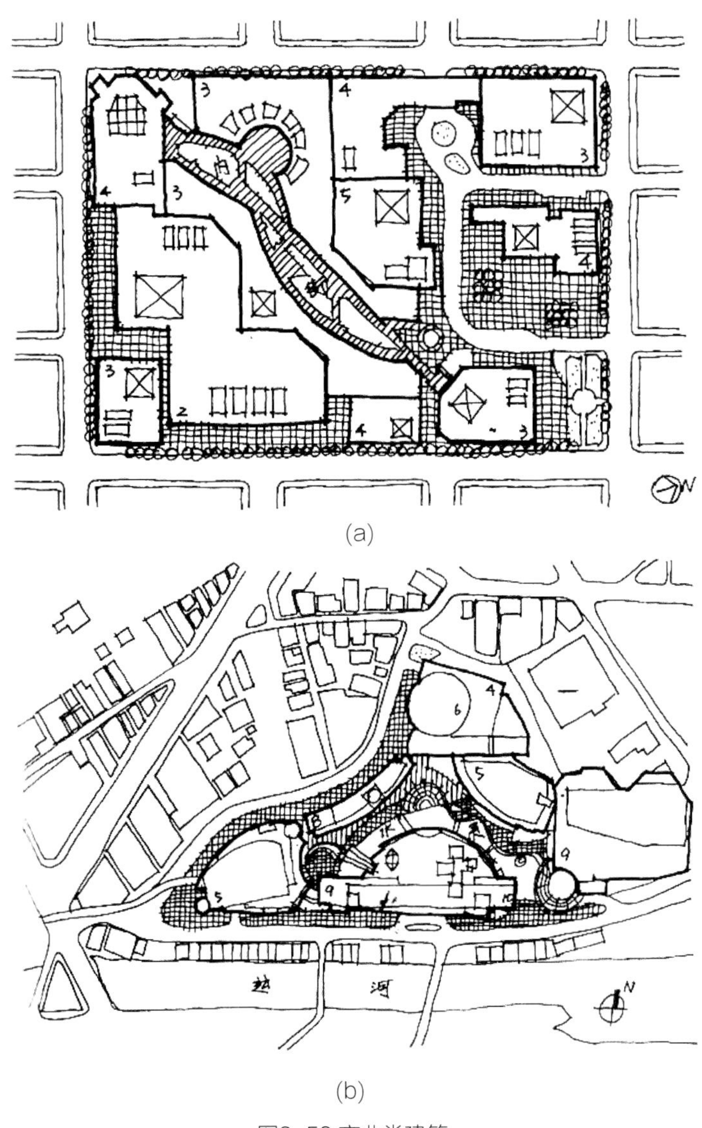

(a)

(b)

图2-53 商业类建筑

大中型商业建筑基地应选择在城市商业区或者主要道路的适宜位置。

大中型商业建筑应有不少于两个面的出入口与城市道路相邻接；或基地应有不少于1/4的周边总长度和建筑物不少于两个出入口与一边城市道路邻接；基地内应设净宽度不小于4m的运输、消防道路。

主入口前，应设相应的集散场地及能供自行车与汽车使用的停车场地。

（4）大型场馆类建筑

大型场馆类建筑一般包括剧院、体育馆、体育场、会展中心等，大多采用大跨度的结构。由于常被作为城市的重要景观标志，大型场馆建筑的形体应具有一定的视觉冲击力，在规划设计中往往成为重要节点。（图2-54）

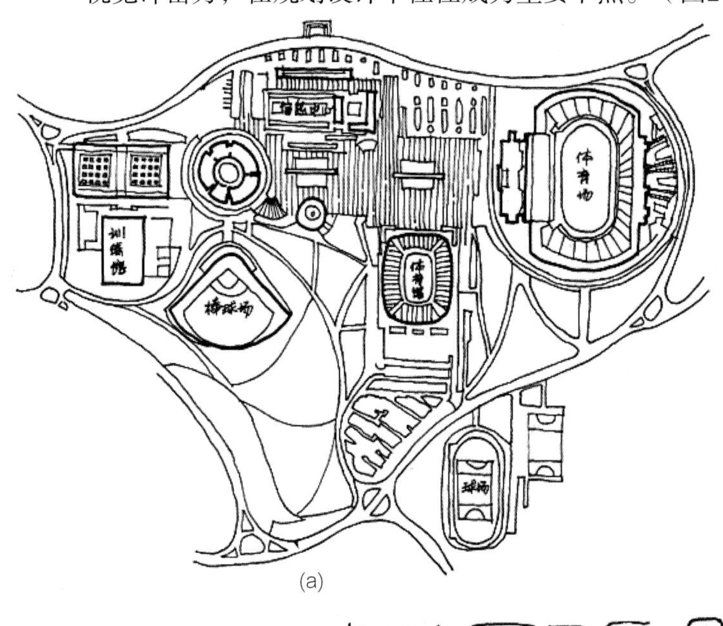

(a)

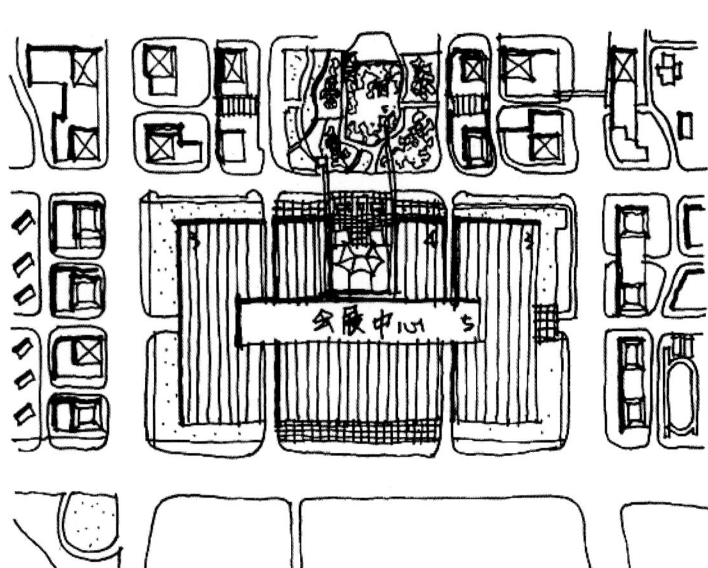

(b)

图2-54 大型场馆类建筑

大型公共建筑在进行总平面布局时，应当注意以下五点。

①基地应至少有一面直接邻近城市道路，该城市道路应有足够的宽度，以减少人员疏散时对城市正常交通的影响。

②基地应至少有两个或两个以上的不同方向通向城市道路。

③基地或建筑物的主要出入口，不得和快速道路直接连接，也不得直接面向城市主要干道的交叉口。

④建筑物主要出入口应有供人员集散用的空地，其面积和长宽尺寸应根据使用性质和人数确定。

⑤绿化和停车场布置不应影响集散空地的使用，并不宜设置围墙、大门等障碍物。

第三节 掌握场地内组群建筑规划

一、组群建筑影响因素

1.建筑的朝向

建筑的朝向是指一幢建筑的空间方位或位向，一般以建筑的主要房间向外最集中的方向为标志。影响建筑朝向的因素有：地理纬度、日照、太阳辐射角度、地段环境、局部气候特征、常年主导风向、场地用地条件等。（图2–55）

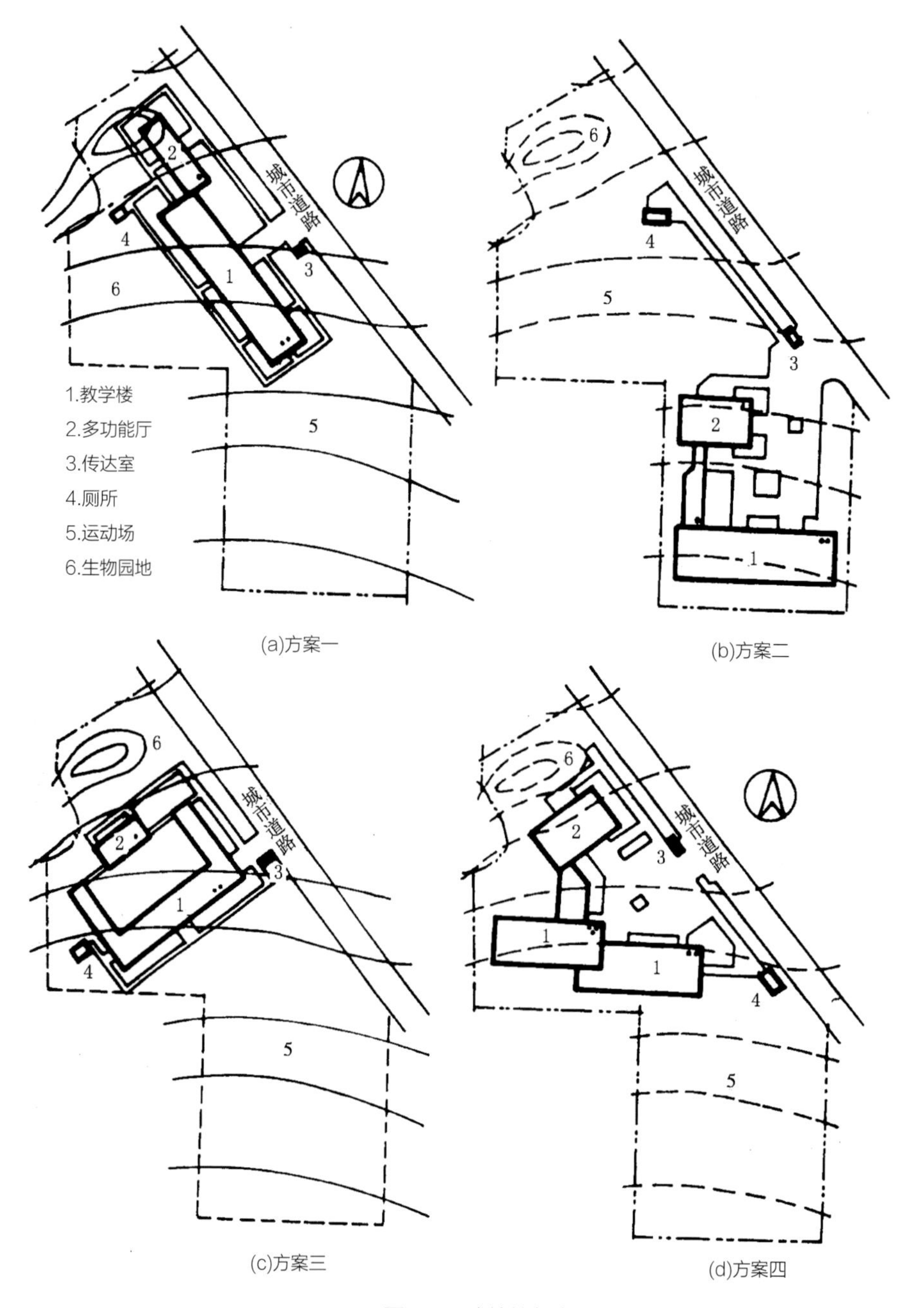

(a)方案一 (b)方案二

(c)方案三 (d)方案四

图2-55 建筑的朝向

2.日照的影响

从日照情况看，东西向的建筑，上午晒东，下午晒西，阳光可深入室内，有利于提高日照效果。但在夏季，西向房间会过热，对于温带、亚热带、热带地区，不宜布置。

但对于北纬45°以北的亚寒带、寒带地区，主要争取大量日照，夏季西晒不是主要矛盾，反而可以采用。

因此，南北向布置的建筑能避免西晒，我国广大温带和亚热带地区都广泛使用。（图2-56）

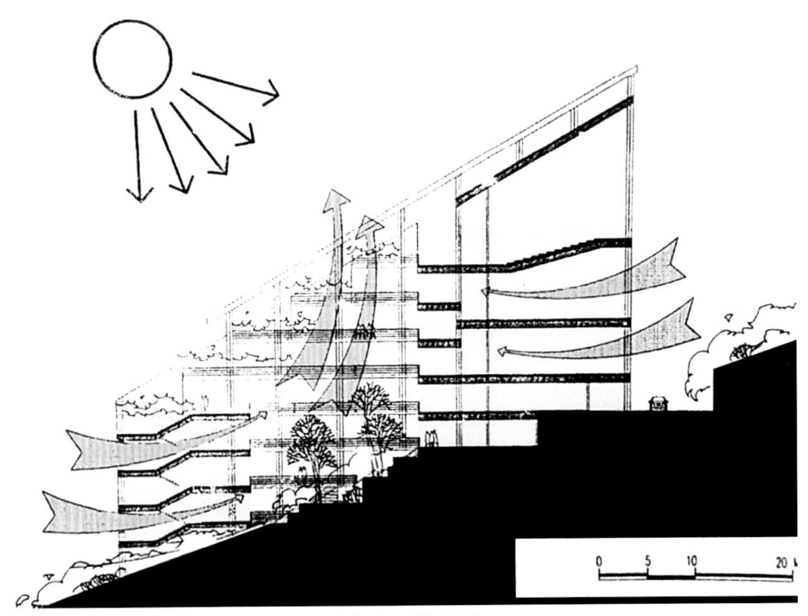

图2-56 南北向布置的建筑

3.风向的影响

从自然通风看，为使夏季获得较好的通风条件，应使建筑朝向当地夏季主导风向布置，以引进充足的风量，增加自然通风效果。一般借助当地风玫瑰图所示的主导风向来考虑建筑朝向，见下表。

城市建筑朝向表（部分）

地区	最佳朝向	适宜朝向	不宜朝向
北京	正南至南偏东	南偏东45°至南偏西35°	北偏西30°至北偏西60°
重庆	南、南偏东10°	南偏东15°、南偏西5°、北	东、西
昆明	南偏东25°至南偏东50°	东至南至西	北偏东35°、北偏西35°

由于日照和通风条件是评价室内环境质量的主要标准，再综合考虑其他主要相关因素，即可以确定各地区或城市的适宜建筑朝向。

4.场地用地条件

（1）场地形状与方位

为保证场地空间的和谐与完整，建筑的布置须与场地边界形成一定的空间关系，其朝向必须受到场地方位的制约，参见图2-48。

（2）道路的走向

建筑朝向与道路走向的关系有平行、垂直、倾斜等，而建筑群与道路的关系则多种多样，如渐变、转折、散立等。建筑的朝向与场地内外的道路走向密切相关。在东西的道路上沿街布置南北向的建筑是比较理想的，但在南北向的道路上沿街布置建筑就变成东西向了，为争取良好的日照条件而避免东西向，则需要详细研究建筑的布置方式。（图2-57）

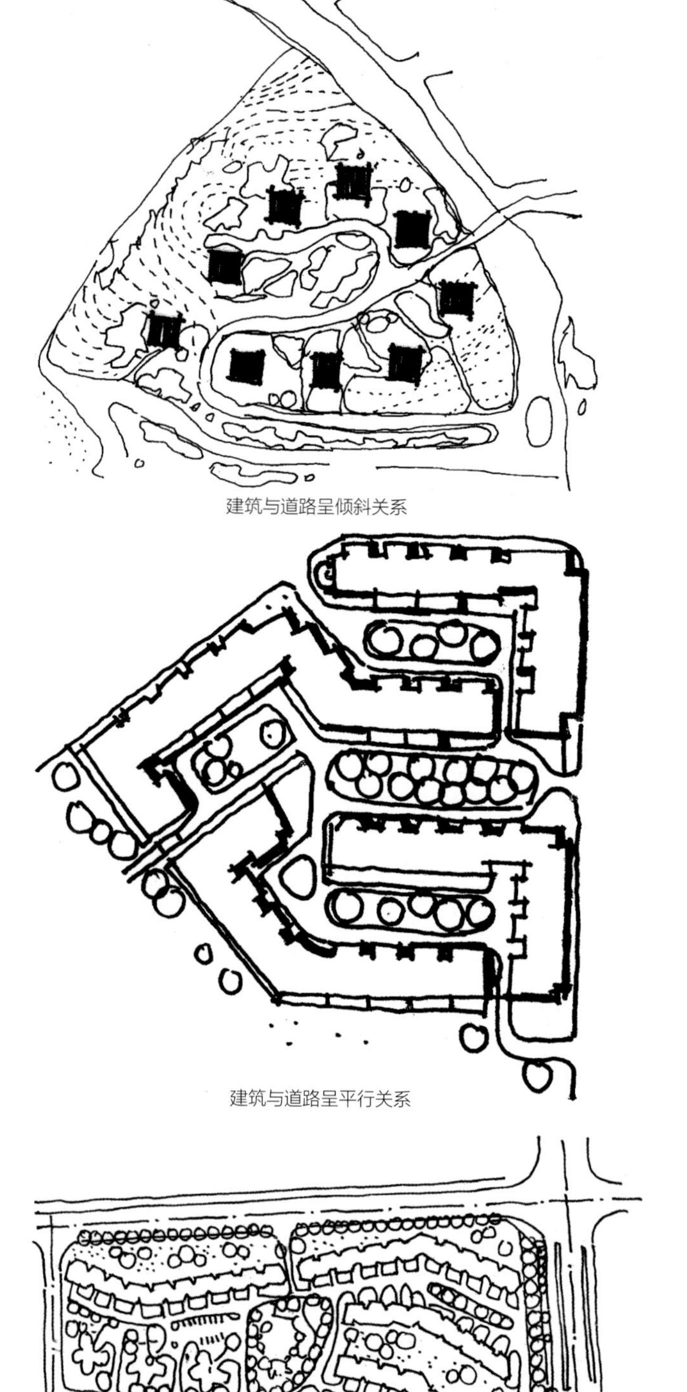

建筑与道路呈倾斜关系

建筑与道路呈平行关系

建筑与道路呈垂直关系

图2-57

（3）地形变化

建筑物的布置与等高线之间有垂直和水平两种基本关系。在实践过程中常根据条件的不同而产生多种灵活的处理方式。（图2-58）

5.建筑的间距（图2-59）

日照间距系数$L=D/H$

日照间距$D=（H-H1）/tanh$

日照间距$D=LH$

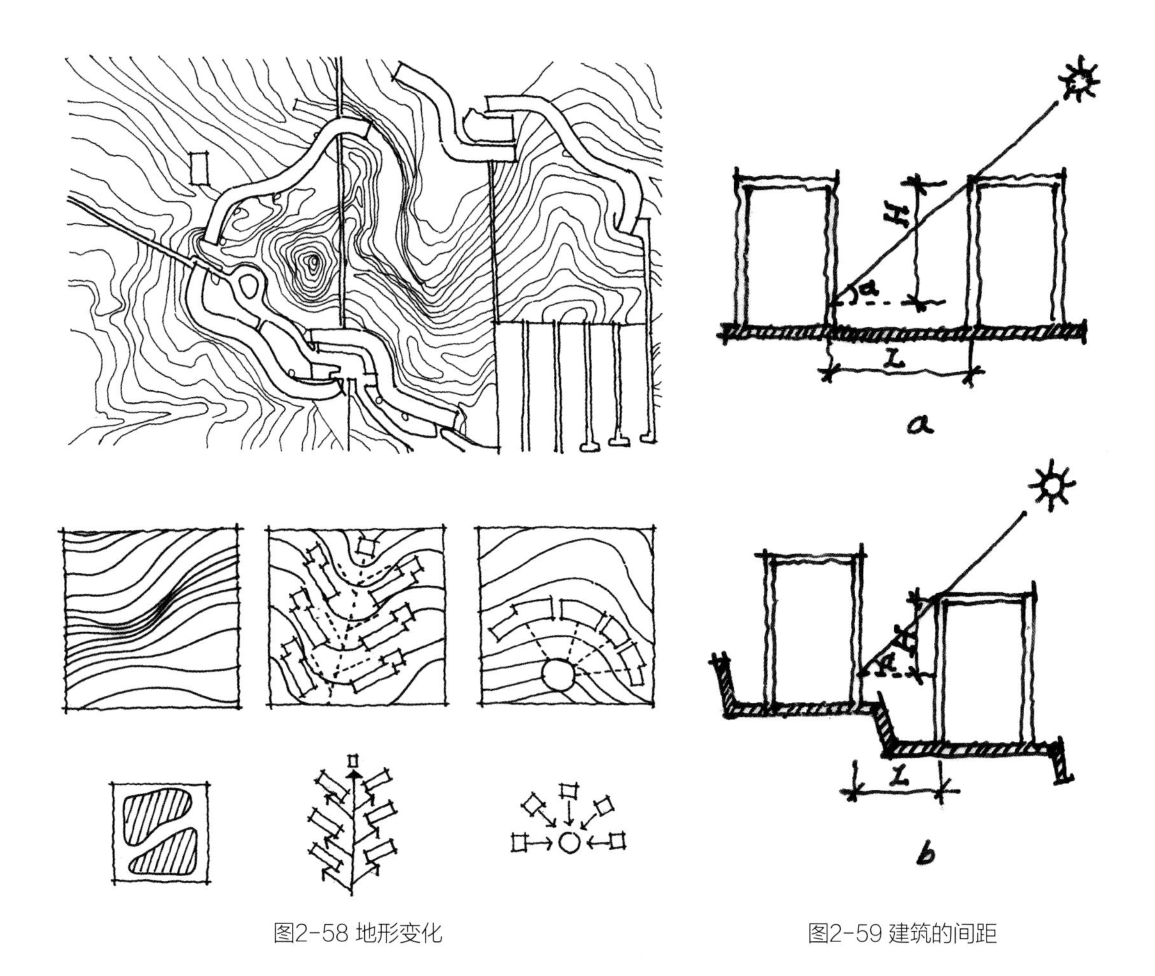

图2-58 地形变化

图2-59 建筑的间距

二、主要布置方式

建筑群体与基地的关系包括：占领、围合、联系、占据一边和充满。这要根据场地所具备的条件来仔细分析。日照、地形、主导风向等都是影响因素。通常，规模小、使用功能相对简单的建设项目，如幼托、中小学等，其建筑布置较为集中、紧凑；反之，规模较大、功能复杂的建设项目，其各部分的使用要求各不相同，为保证各部分的相对独立并避免相互干扰，建筑布置比较分散。

1.行列式（图2-60）

优点：使绝大多数居室取得良好的日照和通风条件，便于道路、管线的布置，平面构图有规律性。

缺点：空间呆板，绿地分散。

可采用山墙错落、单元衔接、成组改变方向等手法，配合多样的空间形式与分隔手段，仍然可以达到良好的效果。

2.周边式（图2-61）

优点：建筑围合形成封闭或者半封闭的内院空间，内部安静、安全、方便，有利于布置室外活动场地，并促进居民交往，节约用地，布置形式灵活。

缺点：部分建筑朝向较差，影响通风效果。难以适应地形的变化。

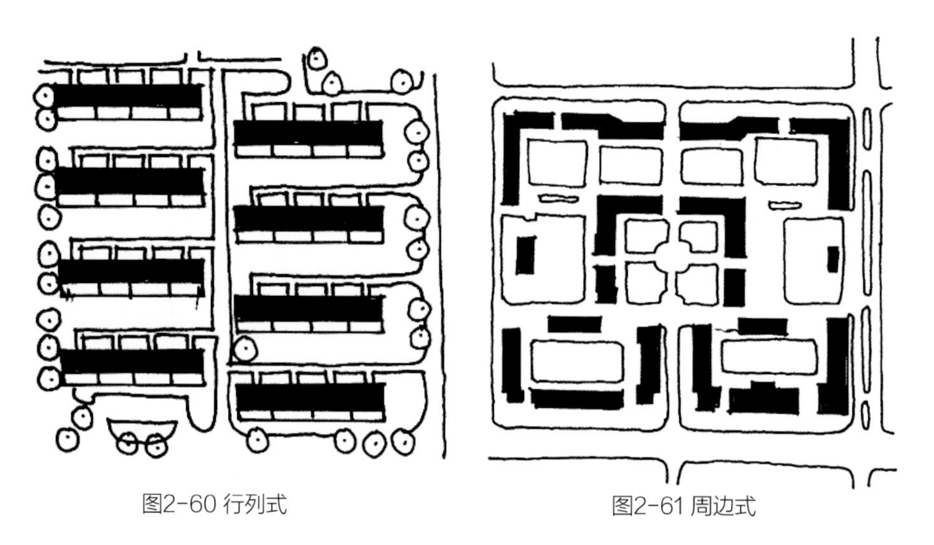

图2-60 行列式　　图2-61 周边式

3.点群式（图2-62）

优点：建筑群体空间丰富。

缺点：寒冷地区由于外墙过多、布置分散，不利保温、节能、防风。

4.混合式（图2-63）

优点：灵活，场地利用层次丰富。

缺点：整体感削弱。

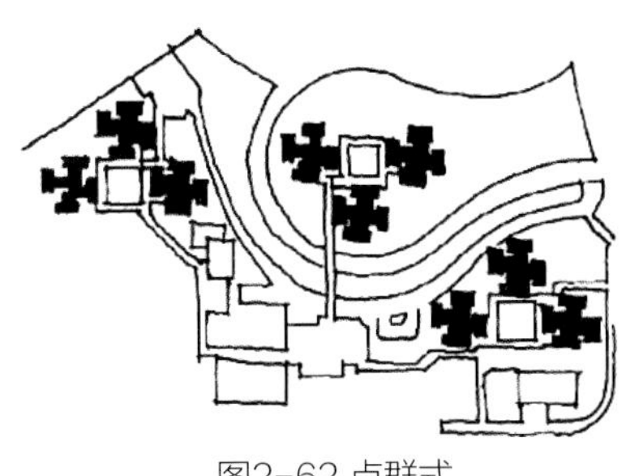

图2-62 点群式

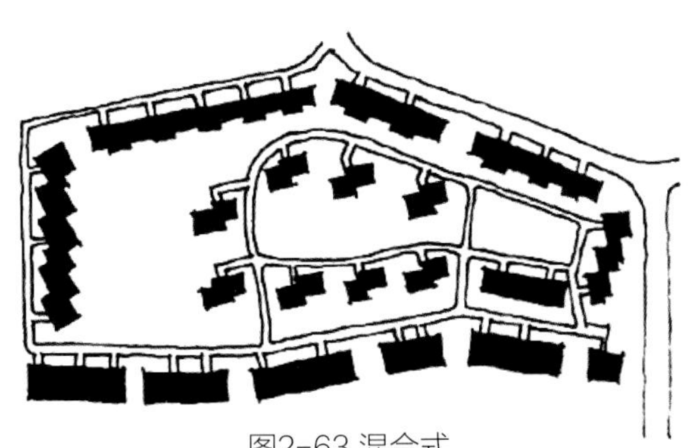

图2-63 混合式

三、建筑群体布局的方式

场地分区就是为布局确立大的基本框架。场地分区简单来讲就是将基地划分为若干区域，将场地中包含的内容按照一定关系分成若干部分，并组合到这些区域之中去。这样场地分区的方式就决定了场地的基本形态和其中各组成要素之间的基本关系。（图2-64）

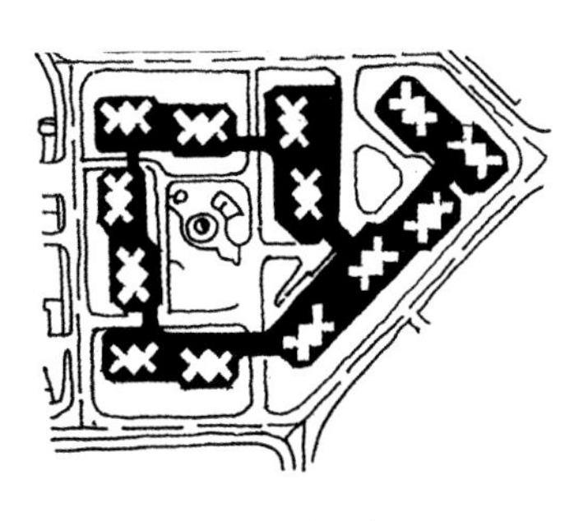

住宅与低层商铺的结合

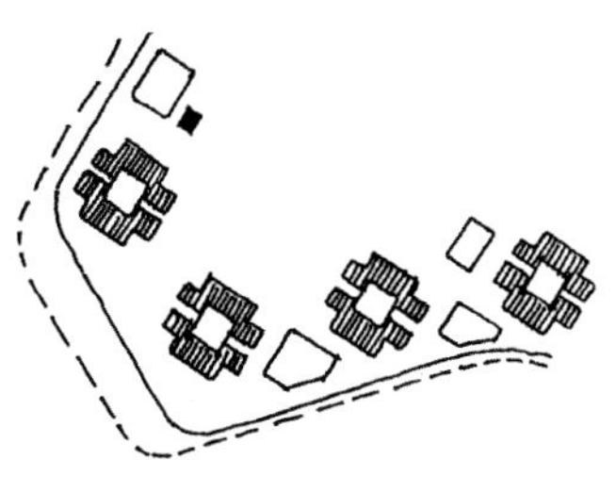

借用河流、道路、空地等空间

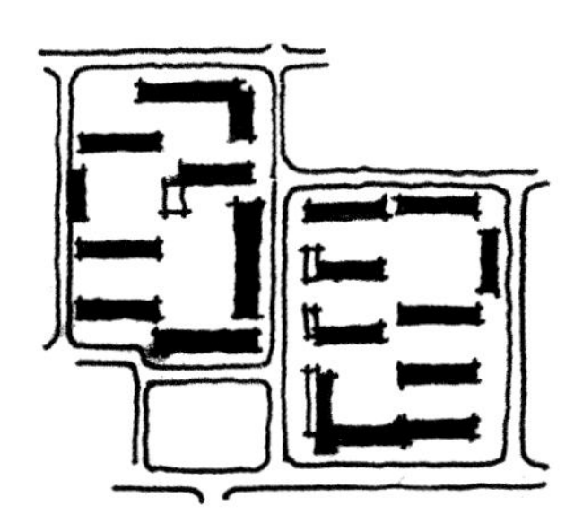

适当布置东西向

图2-64 合理布局节约土地

1.集中的方式

在用地比较有限的情况下，采用适当集中的用地划分方式是一条有效的途径，这样最有利于有效地使用基地。采用适当集中的用地划分方式，将性质相同的用地尽量集中在一起，利于边角地段的利用，可以保证基地的每一部分都被有效地利用，减少闲置地块，同时也增大了可使用的用地面积。

性质上的集中可以将相同或类似的用地集中在一起，连成一片；形状上的集中是根据基地的轮廓形式特征来划分地块，使每一区域都尽量完整，便于利用。（图2-65a）

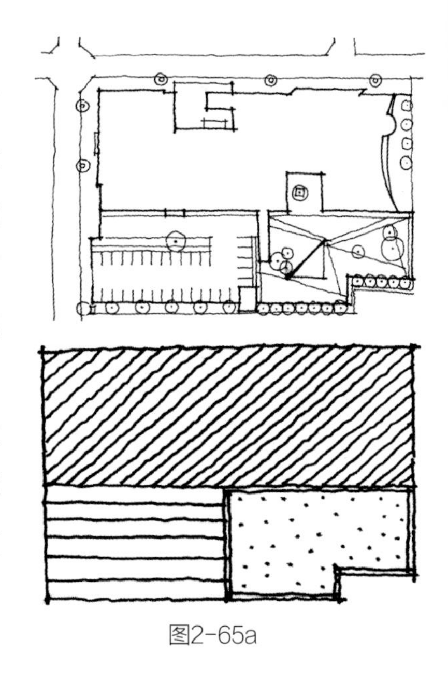

图2-65a

2.均衡的方式

在用地规模相对于建设规模较大，而用地比较宽松的情况下，场地布局与各项内容的组织显然要相对容易，场地分区与用地划分可采取多种变化的方式，采取均衡的方法将场地内容均衡地布置，使每部分用地都有相应的内容，使每部分用地都发挥作用。（图2-65b）

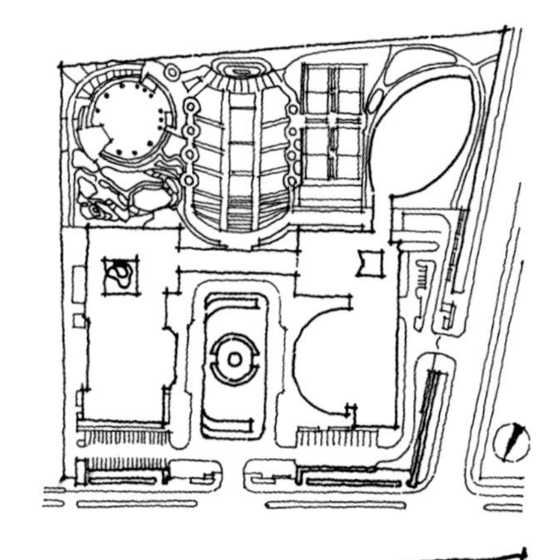

图2-65b 多种均衡方式

一是根据不同的性质将用地划分成大致相当的几个相对集中的区域，这样场地整体上的区域划分会较为明确。二是可将基地直接细化为较小的区域，再将内容在不违背自身要求的情况下适当分解，组合到各区域之中，这样只要保证每个区域都各有其用，也保证了均衡。

在场地内容组成比较复杂时，为保证场地布局的合理有序，依据各组成内容的功能性质进行合理分区是十分关键的。

内容的功能特性是确定分区的根本依据，而功能特性是由多方面体现的，因此在以功能为基础决定分区的形态时，需要考虑由功能性质而引发的一系列相对应的范畴，诸如闹与静、洁与污、公共与私密、景观要求的高与低等。这使分区又可沿多条线索进行，比如闹与静的分区、公共与私密的分区等。

细致考虑每一方面的同时，还需综合分析，权衡不同侧面的重要程度，确定最主要的依据。（图2-66）

图2-66 不同方式的方案对比

四、规划设计常用技术规范

1.常用单位换算

①国际单位制的基本单位：米或平方米。

②国家选定的非国际单位制单位：公顷。

非国际单位制单位与法定计量单位的对照及换算：

1公尺=1米

1公寸=1分米

1公分=1厘米

1英尺=30.48厘米

1英寸=25.4毫米

1公亩=100平方米

1亩=（10000/15）平方米≈666.7平方米

1平方英尺≈0.093平方米

1平方英寸≈6.452平方厘米

1平方英里≈2.59平方千米

1公顷=10000平方米=15亩

2.常用设施尺寸

（1）机动车相关尺寸

①机动车车道宽度为3.5m～3.75m。

②单位停车面积：小轿车$25m^2$～$30m^2$（地面），$30m^2$～$35m^2$（地下）。

③标准小汽车的停车位尺寸2.5m×5m，大巴车的停车位尺寸4m×10m。

（2）篮球场、排球场等运动场地尺寸

篮球场：长26m，宽14m，中圈直径3.6m，三秒区底线6m，投球线到底线5.8m。（图2-67）

排球场：长18m，宽9m。（图2-68）

网球场：长23.77m，宽10.97m。

羽毛球场：长13.4m，宽6.1m。（图2-69）

壁球场：单打场地长9.75m、宽6.4m、高5.53m；双打场地长13.72m、宽7.62m、高6.1m。

国际标准短泳池：长25m，宽12.5m，水深1.4m～2m。

国际标准泳池：长50m，宽25m，水深1.4m～2m。

标准足球场：长105m，宽68m。

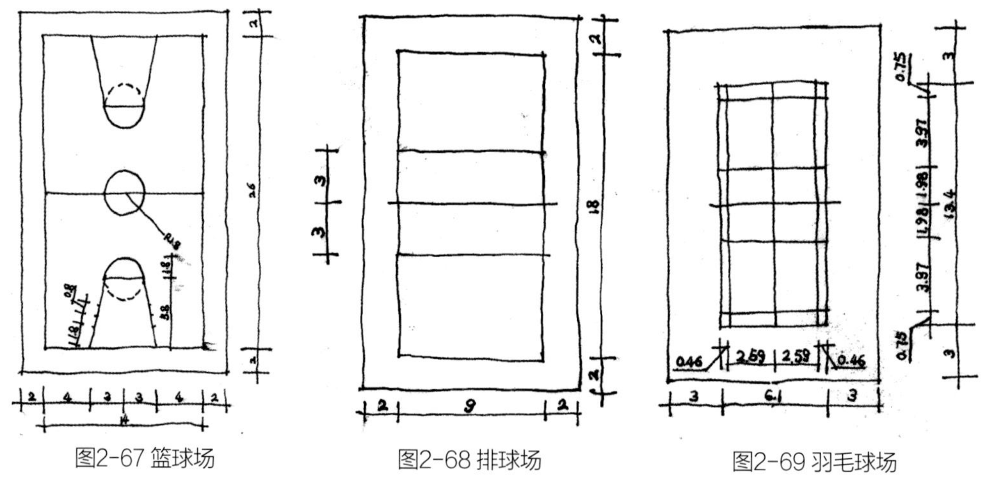

图2-67 篮球场　　图2-68 排球场　　图2-69 羽毛球场

400m跑道：国际田径联赛比赛的标准跑道有三种规格，半径分别为：36m、36.5m及37.898m。一般分为8道，其中建设有标准足球场以及两半圆区的铅球、链球、跳高、跳远项目区，足球场面积约7140m²。（图2-70）

200m跑道：长124m，宽43.5m。它是国内小学常用跑道类型，以方便学生运动。（图2-71）

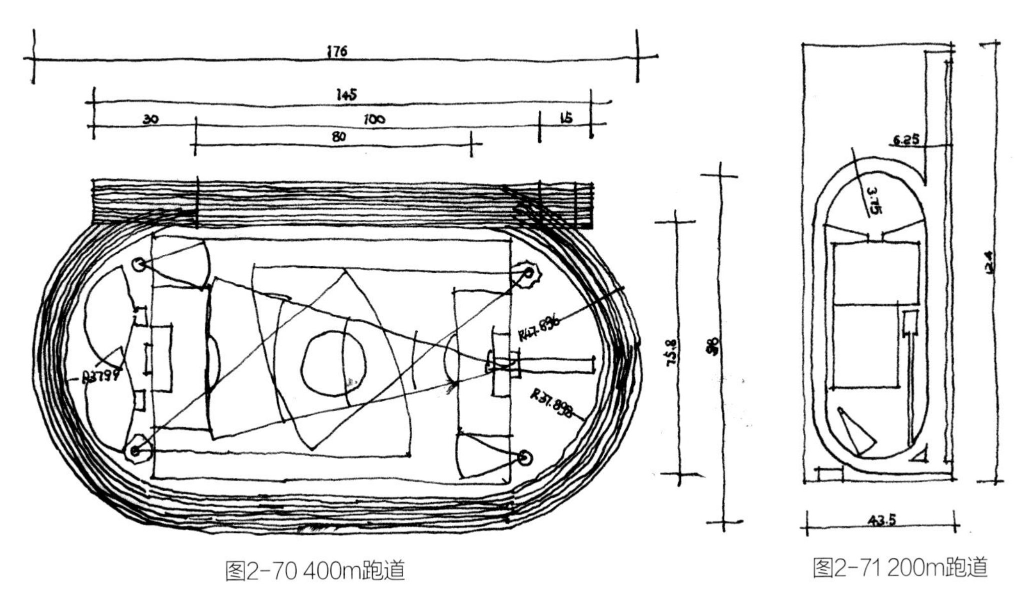

图2-70 400m跑道

图2-71 200m跑道

3.技术经济指标

技术经济指标通过对量的控制来衡量质量和综合效益，也是评判一个设计提案是否符合题意的重要依据。任何一个规划设计方案都必须有必要的技术经济指标。当然，技术数据的详尽和精确程度是随着方案的不断深化而逐渐提高的。

面对规划设计快题，应试者首先应当明确题目给定的基础技术数据，并根据题意迅速判断这些数据对应的空间形态，如平均层数、建筑密度等，继而选择对应的建筑形态进行初步布局。成果中的主要指标在审题阶段已大体计算完成，这些数据是随后用地分配、平面布局的基本依据。

城市规划快题对技术经济指标的要求一般不会过于复杂，应试者可根据题目要求核算必要的设计参数，原则上无须提供其他指标。但是有些快题在题目中并不明确指出要求计算的内容，而是笼统地要求应试者给出方案的主要技术经济指标，这就需要设计者事先了解哪些指标是规划设计方案必须计算的内容，以及如何计算这些指标。

（1）常用技术经济指标

①总建筑面积：即规划总用地上拥有的各类建筑的面积总和。单位采用万m^2。

②容积率：即建筑物地上总建筑面积与规划用地面积的比值（FAR=总建筑面积/地块面积）。以住宅区的容积率为例，通常情况下独栋别墅区的容积率一般为0.2～0.3；联排别墅区的容积率一般为0.3～0.7；纯多层区的容积率一般为0.8～1.5；纯小高层的容积率一般为1.8～2.2；纯高层的容积率一般为2.2以上。

③建筑密度：即总规划用地内各类建筑的基层总面积与总用地面积的比率，计算公式：建筑密度=建筑基层面积/地块面积，单位为%。住宅区建筑密度的经验数值：别墅区的建筑密度一般为5%～10%；纯多层区的建筑密度一般为20%～25%；纯小高层的建筑密度一般为15%～20%；纯高层的建筑密度一般为15%～20%。

④绿地率：即规划用地内各类绿地面积的总和与总用地面积的比率（%）。住宅区的绿地率要求新建区建设不应低于30%，旧区改建不宜低于25%。

（2）综合技术经济指标

综合技术经济指标一般由用地平衡表和技术经济指标两部分构成。

以住宅规划设计为例，根据《城市居住区规划设计规范》（GB 50180-1993）（2002年版），用地平衡和技术指标规定如下表。

城市居住区用地平衡与技术指标规定表

项　　目	计量单位	数 值	所占比例（%）	人均面积（m²/人）
居住区规划总用地	万m²	▲	—	—
1.居住区规划总用地（R）	万m²	▲	100	▲
1住宅用地（R01）	万m²	▲	▲	▲
2公建用地（R02）	万m²	▲	▲	▲
3道路用地（R03）	万m²	▲	▲	▲
4公共绿地（R04）	万m²	▲	▲	▲
2.其他用地	万m²	▲	—	—
居住户（套）数	户（套）	▲		—
居住人数	人	▲		—
户均人口	人/户	▲	—	—
总建筑面积	万m²	▲	—	—
1.居住区用地内建筑总面积	万m²	▲	—	▲
①住宅建筑面积	万m²	▲	▲	▲
②公建面积	万m²	▲	▲	▲
2.其他建筑面积	万m²	△	—	—
住宅平均面积	层	▲	—	—
高层平均层数	%	△	—	—
中高层住宅比例	%	△	—	—
人口毛密度	人/ha	▲	—	—
人口净密度	人/ha	△	—	—
住宅建筑套密度（毛）	套/ha	▲	—	—
住宅建筑套密度（净）	套/ha	▲	—	—
住宅建筑面积毛密度	万m²/ha	▲	—	—
住宅建筑面积净密度	万m²/ha	▲	—	—
居住区建筑面积毛密度（容积率）	万m²/ha	▲	—	—
停车率	%	▲	—	—
停车位	辆	▲	—	—
地面停车率	%	▲	—	—
地面停车位	辆	▲	—	—
住宅建筑净密度	%	▲	—	—
总建筑密度	%	▲	—	—
绿地率	%	▲	—	—
拆建比	—	△	—	—

注：　▲必要指标　△选用指标

技术经济指标一般可罗列于设计说明之后，亦可书写于总平面一角。作为方案合理性的重要评价依据，技术经济指标应集中书写，不宜散见于卷面甚至不同页面，也不适合与结构分析图、节点示意图、剖面图等辅助图纸相结合。

4.常用建筑技术规范

建筑主体不得超出建筑红线，包括地下室、门廊、阳台等。

沿街建筑长度不得大于80m，如果超出80m，需要在建筑底层设立连接街道和内院的人行通道。

基地地面坡度大于8%时，以划分为台地来布局，台地连接处应设挡土墙或者护坡。

人流活动的主要区域和地段，应设立无障碍通道。

地下室、局部夹层、浴室不应直接布置在餐厅、食品加工等有严格卫生要求或防水、防潮要求用房的上层。

公共厕所、盥洗室、浴室不应直接布置在餐厅、食品加工等有严格卫生要求或防水、防潮要求用房的上层。

在公共厕所的男女厕位的比例中，应适当加大女厕位比例。

卫生间应尽量采用自然采光。

公用男女厕所应设立前室。

室外栏杆高度宜为1.1m。在住宅、幼儿园、中小学及其他少儿活动场所的栏杆要防止攀登，如果是垂直栏杆，杆间净距不宜小于0.11m。

室内外台阶不得紧邻大门设置，应设平台进行过渡。

单跑楼梯的台阶数不得超过18级。

楼梯宽度应大于1.2m。

自动扶梯的倾斜角不应超过30°。一般坡度为12%～15%，常用坡度为10%～12%，供残疾人使用的坡道坡度为12%。

屋面的排水要设计，如女儿墙、天沟、檐沟等。

严寒地区的建筑物不应设置开敞的楼梯间和外廊，其出入口应设门斗或采取其他防寒措施。

房间面积大于60m^{2}时，至少需要两个门。

普通教室要南北设置，美术书法教室要朝北或者利用天窗采光。

报告厅、大会议厅等面积较大、人流聚集空间要有方便的对外交通，可以设置在一楼，有独立出入口。

房间离出口楼梯不得超过20m。如果是两端楼梯，则楼梯间距不应超过40m。

公共建筑楼层面积超过200m^{2}时，要有两个以上的电梯，分布应均匀，不要离得太近。

门厅对外总宽度不小于该门厅的所有过道、楼梯宽度的总和。

结构尽量采用框架结构，柱网整齐，上下一定要对位。

第三章 规划快题设计的表现技法

第一节 关于线条

扎实的线条基本功既是快题打稿线过程中必须具备的能力，也是深化设计中很重要的依据。有些同学往往忽视线条的重要性，急于用色彩表现。实际上，方案的深化时间花费不多，却能够增加设计深度，提高方案表现力，因此，应予以足够重视。快题设计的线条要突出硬朗帅气，造型的线条可以交接出头，这样能提高画图的速度。并且，建议所有的平面图的底稿和正式图都尽量用尺规完成。

线条是构成快题设计图纸最基本的图形符号，用以表达空间的边界、规划中的建筑物、构筑物的轮廓、空间介质的纹理、材质，以及各种分析信息等。

一、快线

快线具有快捷、果断、爆发力强等特点，在快题设计中的应用性很强，能充分展现出作者的自信。（图3-1）

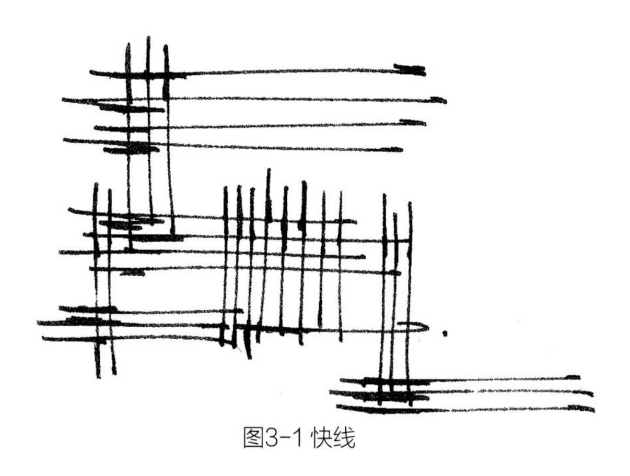

图3-1 快线

二、慢线

慢线具有表达严谨、准确又不失生动的特点，在快题设计中常用于主体物的准确表现上，具有设计师思维的理性特征。（图3-2）

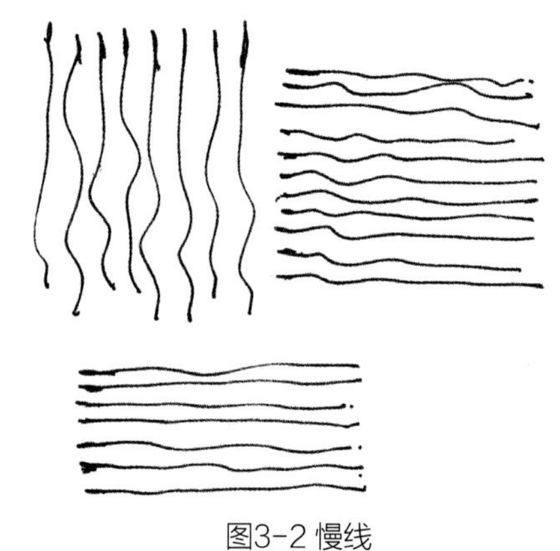

图3-2 慢线

三、填充线

填充线是为了加强图形的质感表现而存在的，同时也是有表现画面黑白灰层次感的作用。（图3-3）

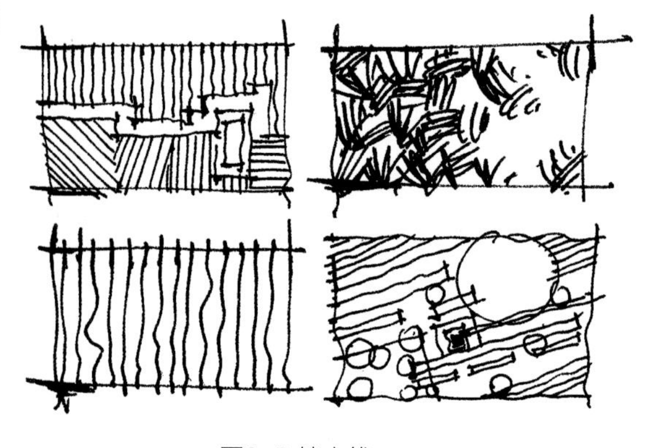

图3-3 填充线

第二节 关于色彩

色彩的运用可以丰富画面效果，增加图纸内容的视觉冲击力以及突出设计重点。设计者需要熟悉色彩的特性，包括色相、明度和彩度，从总体上把握色彩的搭配，熟练应用几种徒手着色的工具。

一、补色协调

补色协调的画面选用冷暖对比的色彩进行，红-绿、黄-紫、橙-蓝是三对常用的补色。在实践中，根据时间、画面美感与场所需求进行灵活处理。（图3-4）

图3-4 补色协调

二、同类色协调

同类色协调是指将画面色彩约束到同一类型色彩基调中，如黄色为基调色，就选用土黄、柠檬黄、中黄、橙黄等构成主打色系，以获得统一完整的效果。（图3-5）

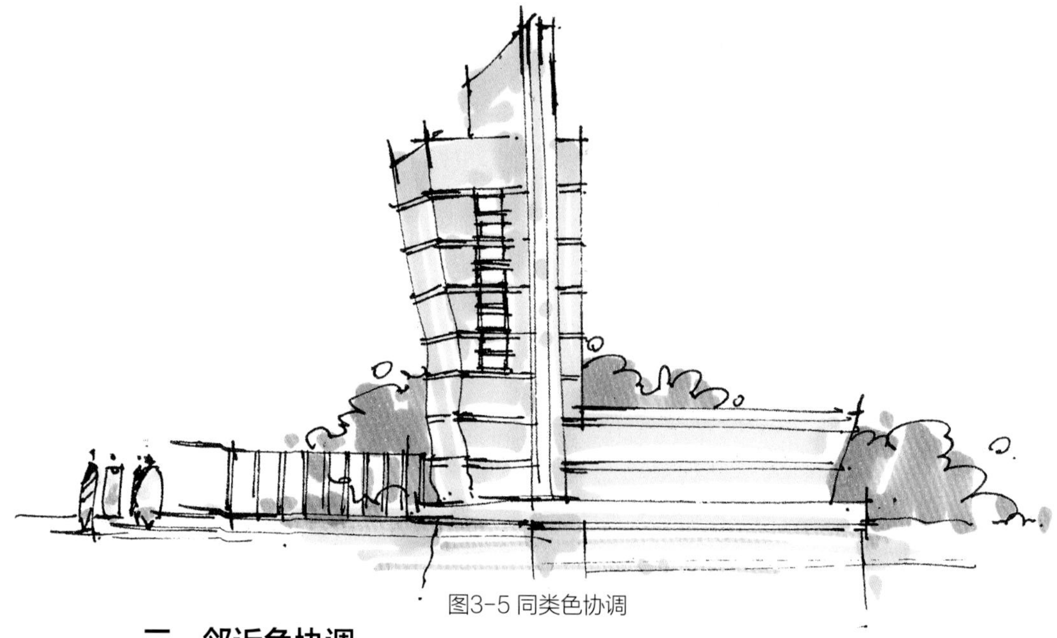

图3-5 同类色协调

三、邻近色协调

邻近色协调是指用色环中三个以内相邻的色相而构成的图形色彩基调，常用的有黄绿橙、红橙紫、蓝绿紫等。以获得统一中有变化的效果。（图3-6）

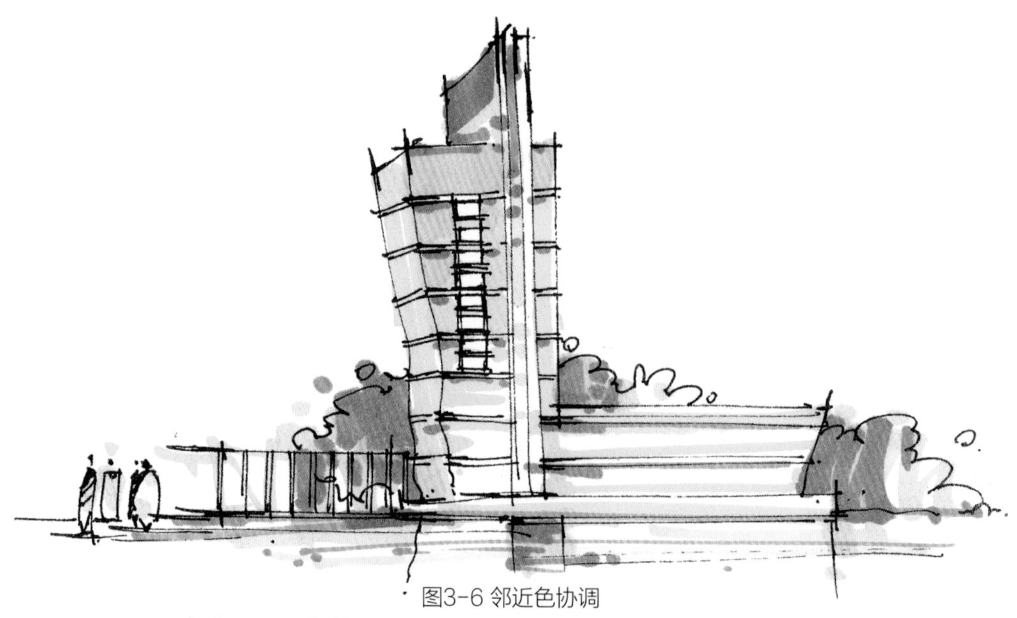

图3-6 邻近色协调

四、有色—无色协调

有色—无色协调，顾名思义用黑白灰的统一基调加上1～2种饱和度较高的色彩进行搭配，取得一种特殊、主观而又统一的效果。（图3-7）

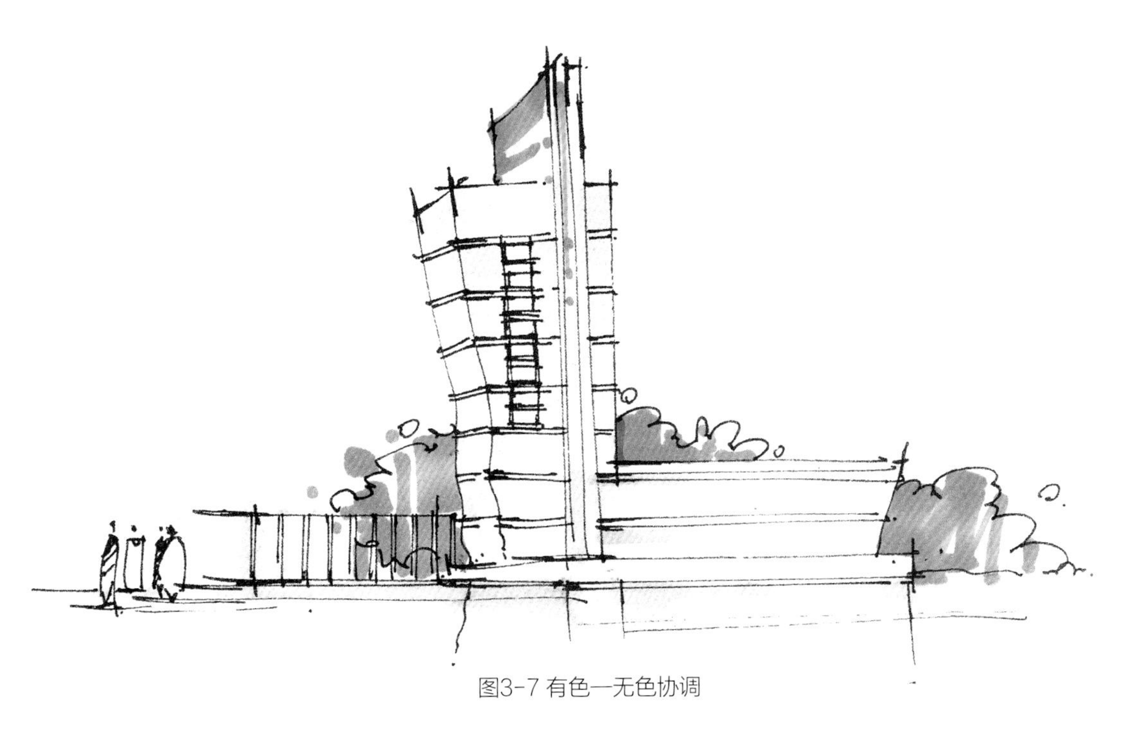

图3-7 有色—无色协调

五、色相协调

在快题设计中使用明快鲜亮、饱和度较高的色彩进行渲染，具有较强的视觉冲击力。（图3-8）

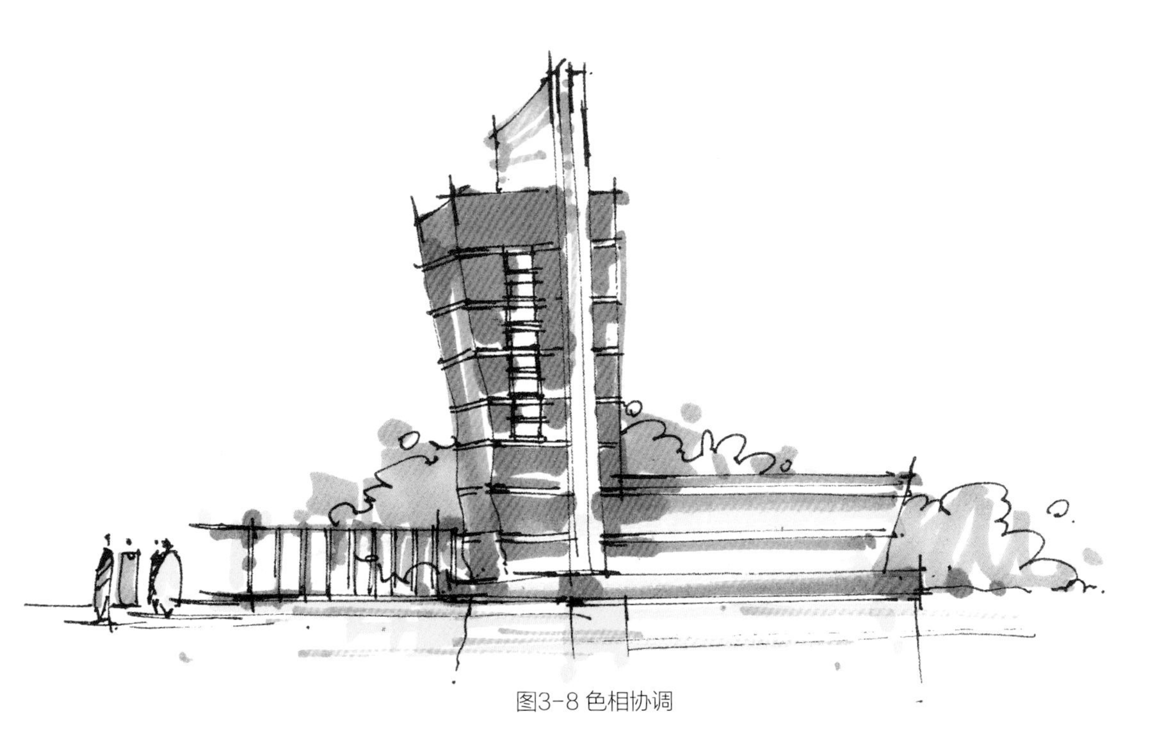

图3-8 色相协调

第三节 关于构图

熟悉构图的视觉管理原理，同时具备建筑规划专业的传达特征，表现出设计者的综合空间整合能力，是考查的重点。良好的构图需要有步骤、有重点地将设计内容呈现在图纸上，综合考虑繁简、层次、虚实、色调等关系，以求更加明晰地展现设计构想，达到美观专业的图纸效果。（图3-9）

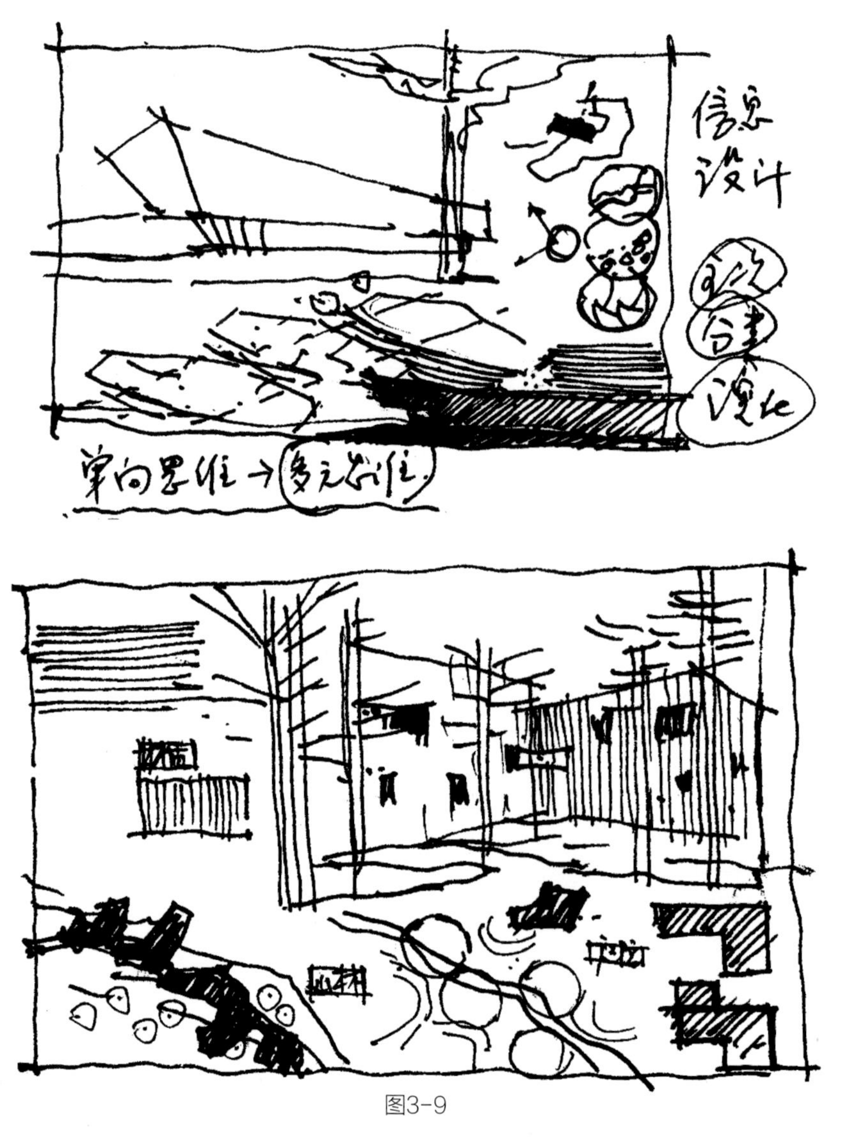

图3-9

第四节 字体运用与表现

快题设计的字体设计表现出作者的修养与专业化程度在卷面中给予老师很好的印象，应予以重视。（图3-10、图3-11）

图3-10 字体设计

图3-11 字体设计

第四章 规划快题设计的图纸绘制

第一节 总平面图

作为规划设计最重要的设计成果，总平面图应该做到详细、准确、清晰。对于在几个小时内完成的快速设计成果，考查的重点在于：图纸内容是否科学、合理，是否符合题目要求的深度，图纸绘制是否规范，各项指标参数是否准确，必要的细节是否有恰当地交代。

一、总平面图的内容

（1）用地条件：基地红线、道路红线、重要地形等高线、水体分布；相邻场地和建筑。

（2）道路交通：明确分级层次，主入口与城市主干道之间的关系；基地内的机动车道路、人行道路和停车车位，注意车道宽度和转弯半径及停车位分布。

（3）建筑：屋顶形态、组群建筑与独栋建筑之间的布局关系、楼层标注，主要建筑入口。

（4）广场：硬化地面与绿地之间的区分明确。

（5）标注上：要用粗虚线或点划线标出用地范围红线，细虚线标出建筑红线，并标注各建筑、小品、场地等设计要素的名称、建筑层数。

（6）其他：指北针、比例、剖切符号、图名、功能标注等。（图4–1）

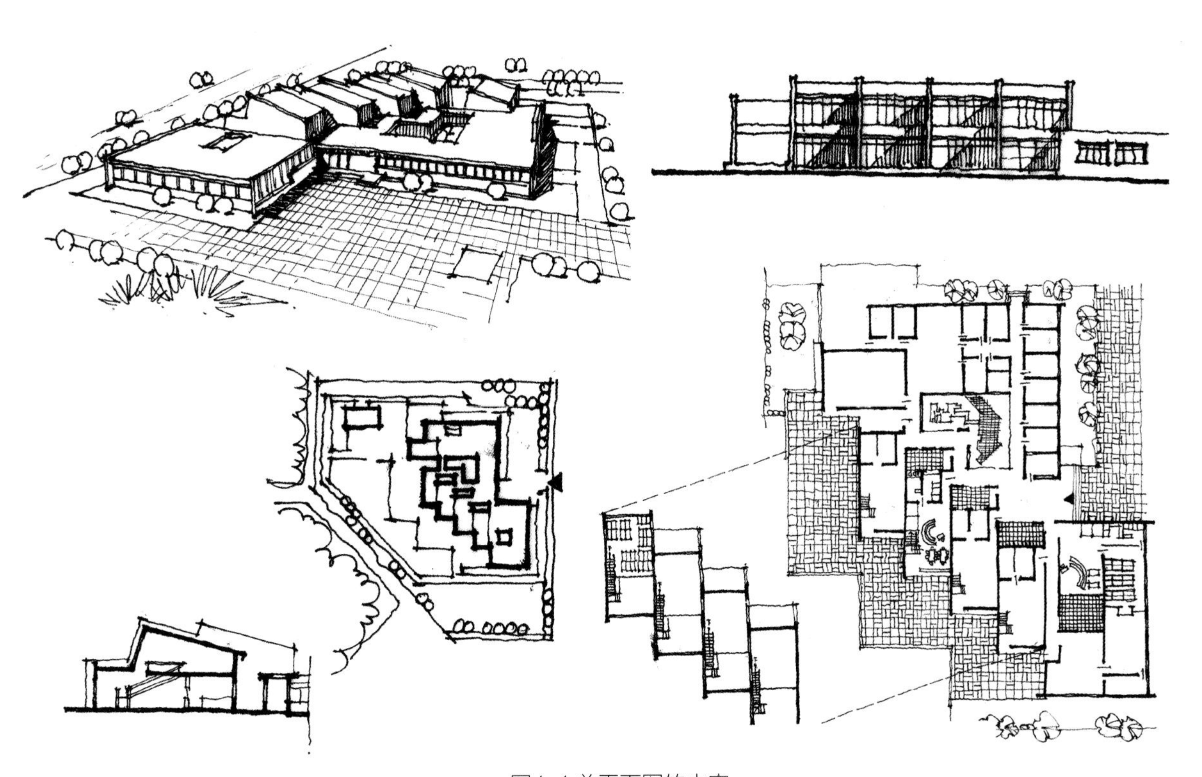

图4-1 总平面图的内容

二、总平面图的表现技巧

1.空间表现

平面空间形态的对应关系要体现，考虑视廊、风景构图体现出的景观空间关系，特别是用植被强化空间关系。快题设计中树的表达通常是成列、成片出现。因此，尽量少用单株植物。区分行道树、园林树也是不错的方法。（图4–2）

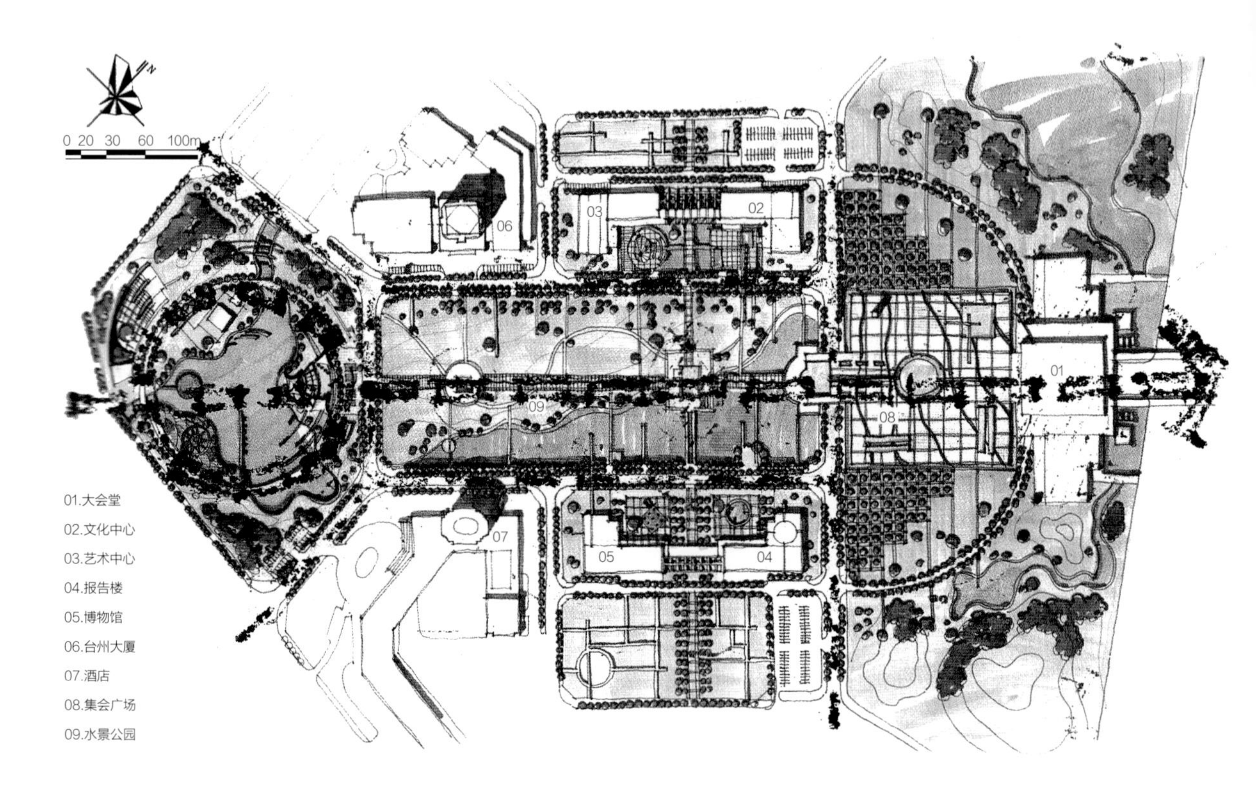

图4-2 总平面图示例

2.轮廓表现

将建筑的外轮廓线加粗，区分体块关系，使其清晰化。建筑外轮廓的凹凸进退也是深化的一个方面。建筑高度突出的部分，例如楼梯间、水箱等的阴影也再度强化了建筑物的特征。

3.建筑形态

建筑的用途和性质在平面图中要一目了然，商业建筑、文化建筑、幼托建筑应当反映特殊的功能要求，可以增加一些玻璃天窗、室外平台、连廊的设计，以丰富图面。

4.材质表现

材质表达清晰。人工设施和绿化设施要可分辨。常准备几种材质的肌理表现方式，如草地、水面、木栈道、石铺地等。地面材质起到了强化空间性质的作用。同时材质的质感也起到了深化设计的作用。道路与场地之间的界线要明确不能混淆，这样才能反映出设计师清晰的设计观。在广场、人行道上打格子有利于使图面层次更为丰富。但要注意控制格子的大小免得尺度失真。在场所重要的节点区域，丰富景观元素，如水、石、路、桥等表达丰富到位。

5.色彩表现

进行色彩表现时要注意突出重点、强弱搭配，同时阴影的强化也很重要。阴影是加强总平面图立体感的手段。建筑需要画阴影，树木需要画阴影，水面也应当增加内阴影来表现驳岸的高度。要注意阴影的长度就是建筑高度的反映，不同的建筑其阴影要区分对待。

第二节 分析图

分析图可分为两类，一类是在方案形成过程中，对基地和设计条件进行综合归类形成的构思类分析图，我们也把它称为概念设计草图；另一类则是在方案形成后，为了便于读者理解其主要意图而绘制的图解类分析图，是对规划方案的图解说明。

一、分析图的主要内容

1.过程分析图（图4-3）

过程分析图也叫作构思类型分析图，主要是通过图形的帮助，找到解决空间问题的主要矛盾和切入点。一般会涉及地形、日照、风向、周边交通和设施条件、基地中重要的自然或人文遗迹等内容。通过对基地内、外既定影响因素的解读和判断，形成设计的主题和出发点。快题设计中，不必要把这一部分内容展现出来，而是作为平时的积累，形成厚积薄发的技巧，加速在规划中的组织和解题能力。

这类分析图往往不刻意遵循某种比例，线条自由多样，工具也信手拈来。是设计师思维活动的图形再现。

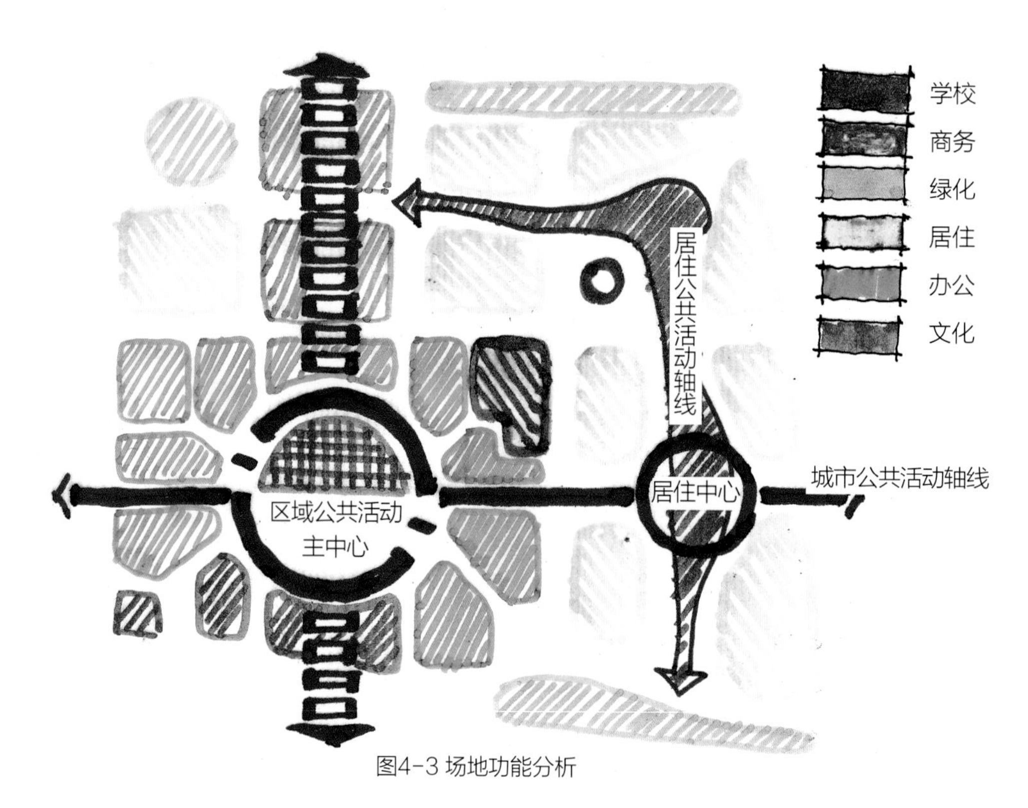

图4-3 场地功能分析

2.图解分析图（图4-4）

快题设计考试中，这一部分图纸要占据一定的时间和图面，主要是通过抽象性、概括性的符号，将设计结果简明扼要地展现出来。一般分为功能结构图、道路与交通系统结构图、组群结构关系图、绿地和景观系统图等。突出方案特色是主要目的。

图解类分析图在画法上采用点、线、圈、箭头等图像要素。为了突出设计的层次和空间要素的主次关系，在运用上述要素时常采用一些必要的特殊处理：实与虚、粗与细、大与小、重叠与交叉，乃至不同的色彩都是常见的绘图手段。

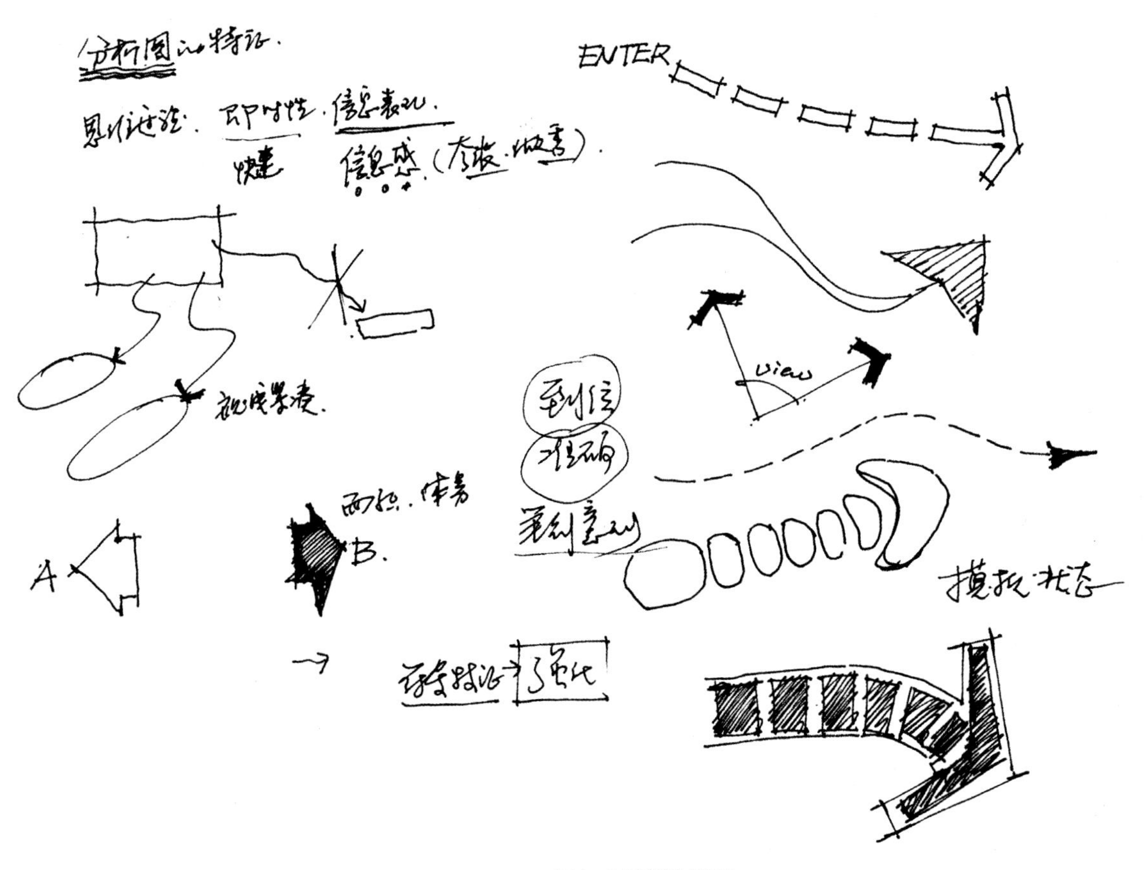

图4-4 图解分析图

二、分析图的表现技巧

关于地形方面，分析图重地形的相关数据；在设计范围方面，要强化出用地边界，特别是用点划线标注出设计红线，这个本身就是很专业的一种表达；设计成果分析里面的三图（交通分析图、功能分析图、规划结构图）是基本，每一个图形要突出指向，清晰明了。平时，多注意分析符号的画法和设计感，对于分析图的清晰表达也是很有用的。

第三节 剖立面图

考试中，考生觉得最困难的，而评委最容易判断的就是表现图。表现图一般分为立面图、鸟瞰图、轴测图三种，其中以鸟瞰角度的透视图最适合说明群体空间关系。立面图也是非常重要的设计表达方式，如果要表现也需要对场所特征、空间尺度、地形特点等方面有了把握以后再确定。

一、剖立面图的表现内容

剖立面图是反映环境尺度和边界处理的示意图。所以，一定要交代和环境的关系，要选择恰当的剖切位置才能将建筑、道路的场地关系进行彰显。

另外，剖立面图还有一个很重要的作用，即反映地形高差以及天际轮廓线的起伏。所以，标高必须交代，包含建筑入口（+/-0.00）标高、地面标高、水面标高、水底标高、道路标高、建筑顶楼（或各层）标高等。

二、剖立面图的表现技巧

1.形态完整

要重视构筑物的立面形态完整，尊重的惯常尺度，简化基本造型类别，利用母题重现统一立面。可以加上强烈的光影效果来表现体量的凹凸与削减，可以适当表现材质，如木、砖、石、涂料、金属板、玻璃和混凝土等。

2.延续性

保持立面的延续性，才有空间的节奏。

3.配景丰富

要结合人的行为，使主体、配景等空间形态丰富（简繁、虚实）,植被搭配有致，边界处理丰富。（图4–5）

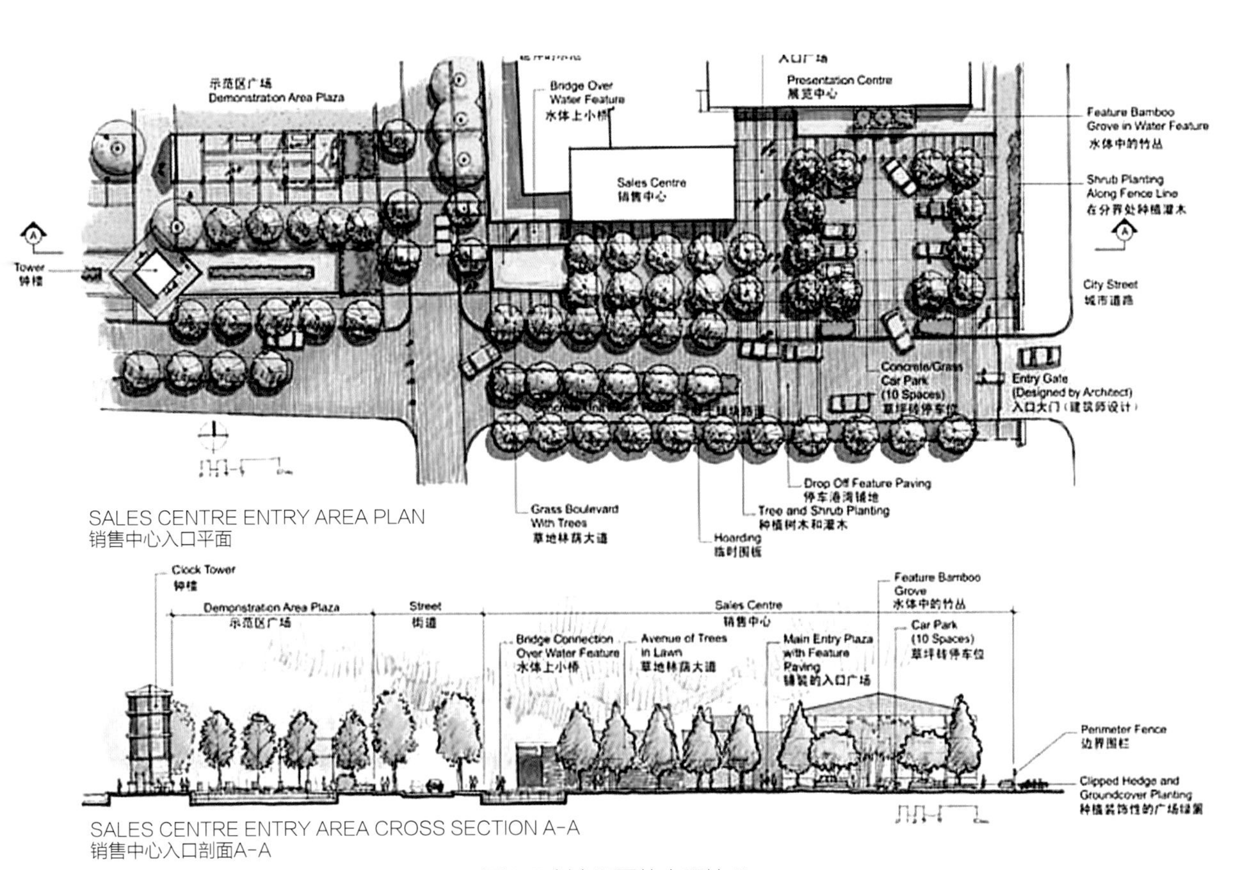

图4–5 剖立面图的表现技巧

第四节 鸟瞰透视图

规划快题的鸟瞰图是考试中必须表现的内容，要求体现出如下专业技能上的要求：一是透视关系基本正确；二是比例基本正确；三是展现出场地的规划结构层次，特别是道路、绿化、建筑和广场之间的关系；四是场所氛围有适度的渲染，符合场所特征。（图4-6）

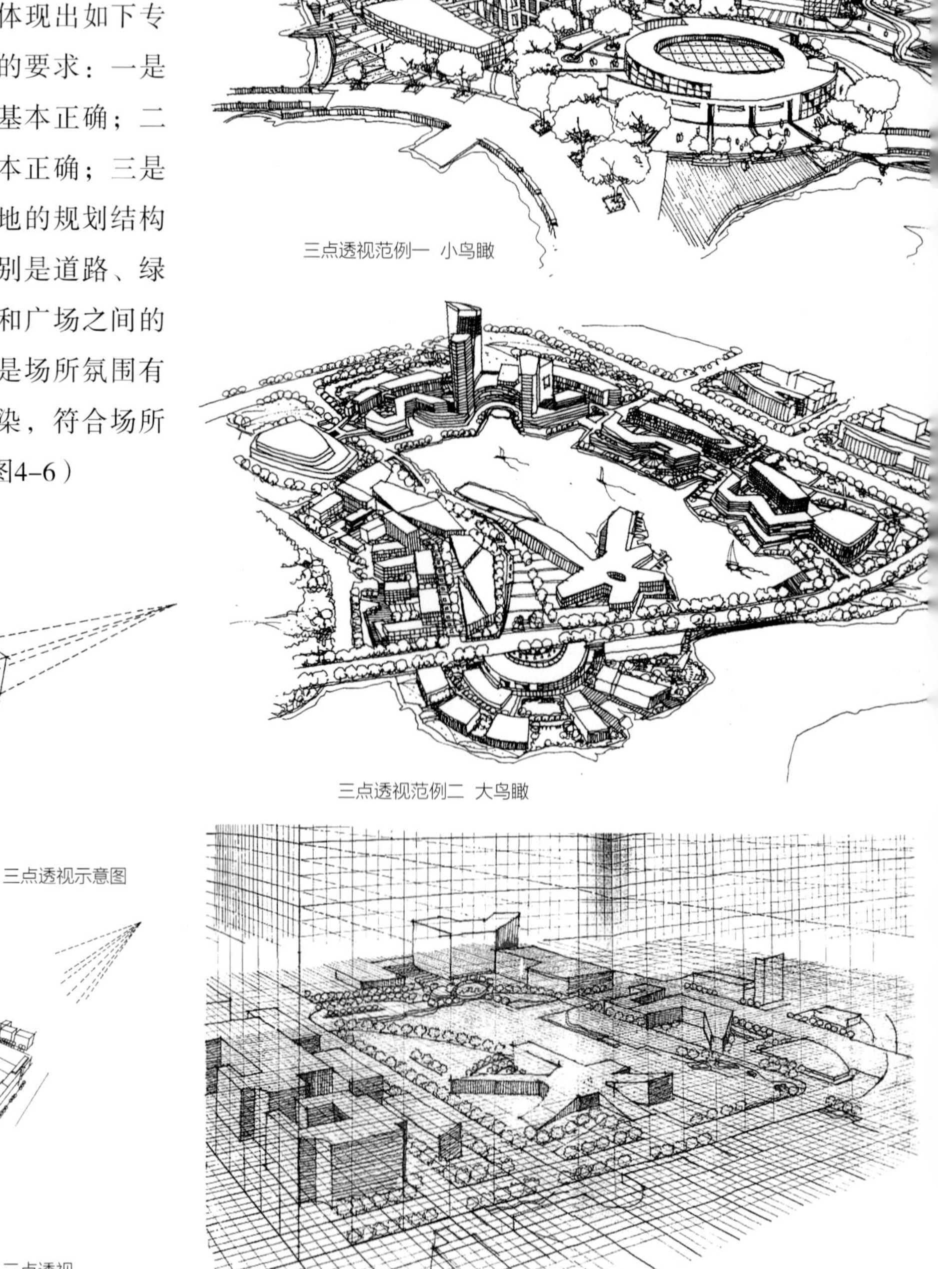

三点透视范例一 小鸟瞰

三点透视范例二 大鸟瞰

三点透视示意图

三点透视
简单成像示意图

鸟瞰透视图

图4-6

第五节 轴测图

轴测图是没有消失点的透视图，可用作鸟瞰图使用。但在考试中比较花费时间，对于透视基础较为薄弱的同学会有一定的帮助。（图4-7）

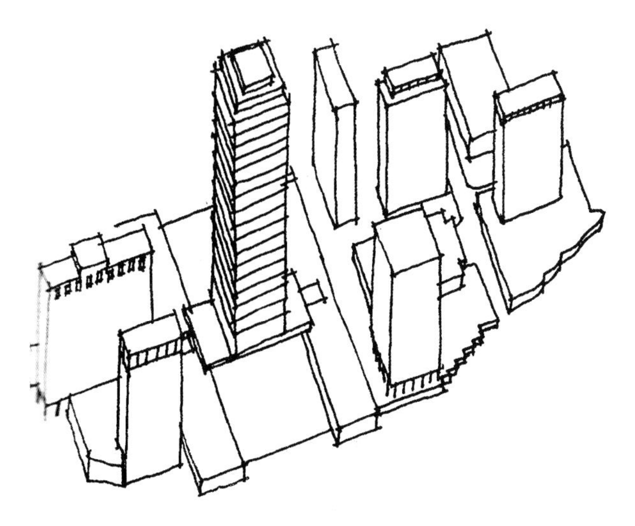

30° 轴测

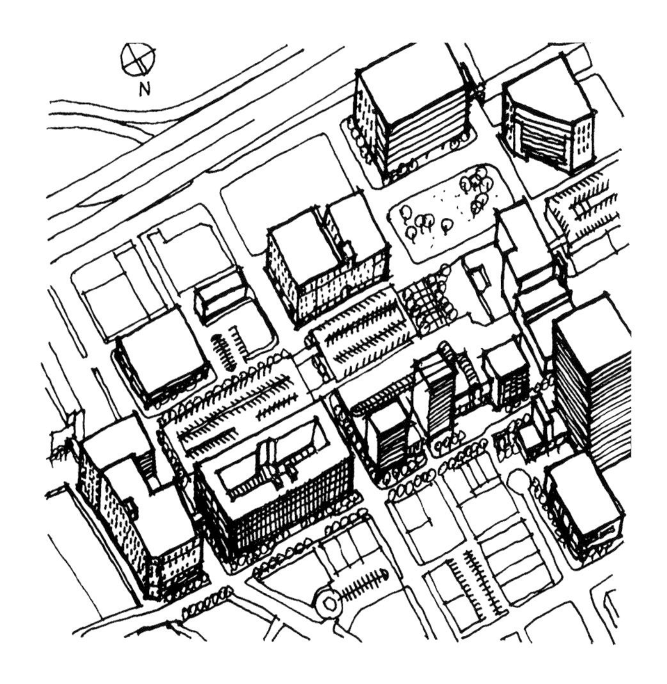

45° 轴测

图4-7 轴测图

第六节 附件

一、图题

出现在卷面上的任何图纸都需要标明图题，如总平面图、鸟瞰图、透视图、结构分析图、节点示意图、南立面图、剖面示意图、标准层平面图等。一般来说，一套图纸中图题的位置应该保持一致，比如皆标注在图纸的正上方或正下方，以免同一卷面内多个图纸内容互相混杂，影响整体图面的逻辑关系和表达效果。

徒手表达的快题设计中图题需要设计者亲笔书写，对设计者的书法水平不失为一个考验。由于计算机辅助设计的普及，越来越多的年轻学生和设计师不太重视书法的练习。殊不知，书法的好坏会直接影响到图纸的审美效果。所以，有目的地训练提高自己的美工字水平是很有必要的。此外，有些设计师偏爱使用英文图解和标注，但注意在国内设计公司应聘的快题卷面上，必须同时附上准确的中文图解。

二、指北针

指北针是研读任何城市规划设计方案不可或缺的工具。即便给定题目的基地图纸原先配置的指北针指向就是正南北方向，设计者在完成任何一张平面图时还是必须明确标注指北针的指向。

一般来说，城市规划设计图纸绘制的习惯做法是正南北放置基地（上北下南），但不排除根据某些基地的特殊形状而适当进行调整。需要注意的是，后者在制图过程中面临的难度会有所增加。

三、比例尺

比例标注一般与平面图、立面图、剖面图等工程性较强的图纸结合，可以使用数字比例尺标注（如1:100、1:1000等），也可以使用图形比例尺标注。有些设计师还会使用略带个人风格的图形比例尺画法。

需要注意的是比例标注是图面必不可少的技术内容，不应过分强调标新立异以至难以判断。（图4-8）

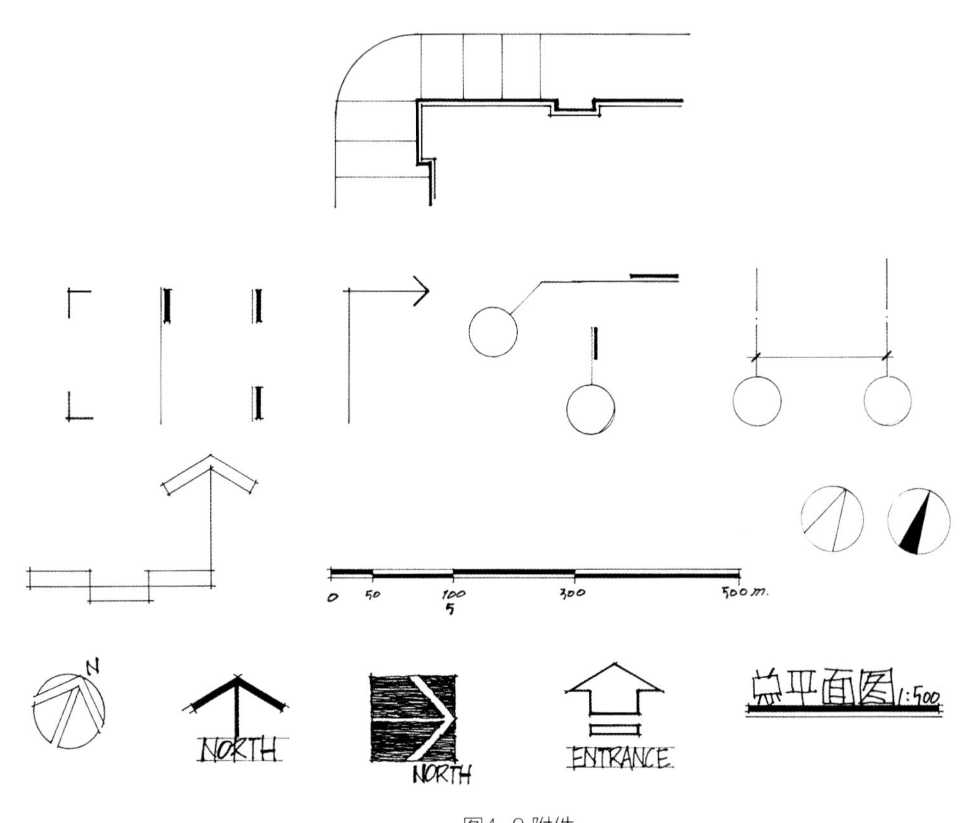

图4-8 附件

四、图例

图例是设计图纸中用于表示特定设计对象的图形符号。图例同时也是帮助读者阅读和理解设计方案的重要标识，是以线条或色块为载体的图形语言。常用的图例包括各种大小、粗细、颜色不同的点、线、图形等。图例的设计，通常结合表达对象的实际状况、大小和位置，有的还能反映出对象的质和量的特征，以及相互关系。因此，图例常设计成与实地景物轮廓相似的集合图形。

图例所代表的设计对象，通常以文字形式集中标注在图面一角。

根据建设部颁发的《城市规划制图标准》（CJJ/T 97-2003），参照城市总体规划和分区规划的绘图标准，规划快题中的图例可以分为单色图例和彩色图例两种。城市规划设计使用统一的图例有助于规范图纸的表现方法、内容和深度，增强图纸的可识别性、可读性，便于理解与交流。

五、标注

标注和图形组合，用于进一步说明对象的有关信息。标注内容分为文字和数字。作为图的补充，标注应简单清晰，不应干扰图面。按照标注方式，大致可分为四类。

1.直注法

直注法是指直接在图形对象上标注有关信息。这种方法最为简单、直观,但只适用于标注简短信息，以不破坏画面整体效果为原则。直注法标注的对象包括建筑名称、建筑层数、场地用途、路名、场地标高、道路坡度与坡向等。

2.近注法

近注法是指靠近图像进行标注的方法。这种方法清晰易读，适用于内容比较简单的图纸。如沿街立面图、场地剖面图等，使读者对建筑与场地的分布关系一目了然。

3.引线法

引线法是将标注内容用线引出，排列引注在图纸内容以外空白处的方法。这种方法适用于标注内容分散，整体效果不容干扰的图纸。如在总平面图上标注环境设施的内容、名称等，或在表现图上引线标注重要地标和景观节点等，有助于强调重点设计内容。

4.编号法

编号法是将标注内容集中置于画面以外，以索引的方式注解标注对象。如在总平面图旁，按照节点序号或图例内容，一一将有关内容列出。

六、设计说明

第一部分：基地选址的特点描述、周围区域的影响、规划地块的功能定位。

第二部分：设计分区、交通流线、绿地分布和景观结构的考虑。

第三部分：技术经济指标。

值得注意的是，设计说明在图面上尽量避免过多的文字描述，而应采取标题化、提纲化的方式进行。

第五章 规划快题设计的过程与方法

第一节 时间控制

	8小时快题考试时间分配表				5小时快题时间协调
	工作内容	目标	辅助手段	用时	用时
构思草图阶段	审题、构思	看清题意，读懂设计条件和要求，确定设计类型，分析设计中的主要矛盾，揣摩出题人的考查意图，确立设计主题。	关键词，容量估算、边界形状强化、主要切入点标注。	60分钟	40分钟
	结构草图	场地四要素（建筑、空间、道路、绿化）的布局，特别是道路的布局得到强化。	抽象性、结构性草图，粗线条、大关系。	40分钟	20分钟
	一草图绘制	继续落实、修改重点区域的关系（入口、节点），建筑组团的相互关系推敲，量化指标，不要超出或者达不到要求。	透明纸进行重复作图。	40分钟	30分钟
	二草图绘制	进一步将主题完善、深化、细化。具体处理空间、场地、建筑的细节。	透明纸进行重复作图，旁边标注小型鸟瞰插图为效果图做准备。	40分钟	
表达表现阶段	正式绘制铅笔稿	构图的布局，各图形之间、文字表格之间的比例关系，大轮廓绘制。	4B长铅笔或者0.7～2.0自动铅笔。	50分钟	30分钟
	总平面图	按照总平面图规范要求绘制，铅笔、马克笔、彩铅。	有重点地刻画，上色控制在30分钟以内。	90分钟	50分钟
	分析图	按照草图中的结构图绘制，马克笔。	记号笔，概念性强。	30分钟	30分钟
	表现图	按照小稿子构图的鸟瞰图或者透视图绘制，铅笔。	可以提前准备透视网格纸，以备用透视图所需，套用尺度比例。	90分钟	80分钟
机动				40分钟	20分钟

第二节 解题步骤

一、研究任务书

仔细阅读任务书和做题要求，用笔勾画出重点。同时仔细审视给出的基地条件图纸，分析出地形、环境、原有建筑物等各项设计的限定信息。将这些信息整理、归纳，排列出主要矛盾，需要避免出现的问题和要解决的核心问题等。特别是要防止由于遗漏、错看一些隐蔽性的重要信息而导致整个设计方向出现偏差。（图5-1）

图5-1 步骤1 聂江洲

二、排版、绘制底图、写标题和设计构思

读完题以后，如果暂时感到无从下手，可以用这个时间段做一些辅助的工作，为下一步节约时间。同时通过这些辅助工作更加熟悉图纸空间，为实在的设计切入点铺路。

根据规划用地的形状来确定版面的布局，并写上标题。标题格子用铅笔打好（可以不用擦，反而可以看到你的作图过程）。当然，最好提前准备好字体。把总平面地形图（通常1:1000）以及分析图的地图（1:2000~1:3000）按照版式的规划提前用铅笔画好。在这个过程中，可以更加深入地研究地形特征、考虑总体构架。通过任务书要求的数据，画出建筑后退红线，把握好总建筑面积、各功能要求面积、绿化面积、基地可用面积等。最后的正式图肯定是要画上去的，利用这个阶段的相对容易的工作做好各种准备，是非常灵活的安排。

三、结构草图绘制

在草图上勾勒1:2000的结构性草图，建议用自己熟悉的方法（参见第四章第二节），各做一个方案比较一下，确定发展方向后再进一步明确总体布局关系，同时初步考虑分析图的绘制。

四、一草绘制

在草图纸上绘制1:1000的草图平面（依据第二步已经画好的底图），根据总体布局、日照间距、建筑退让等限制条件初步确定建筑和场地的位置。（图5-2）

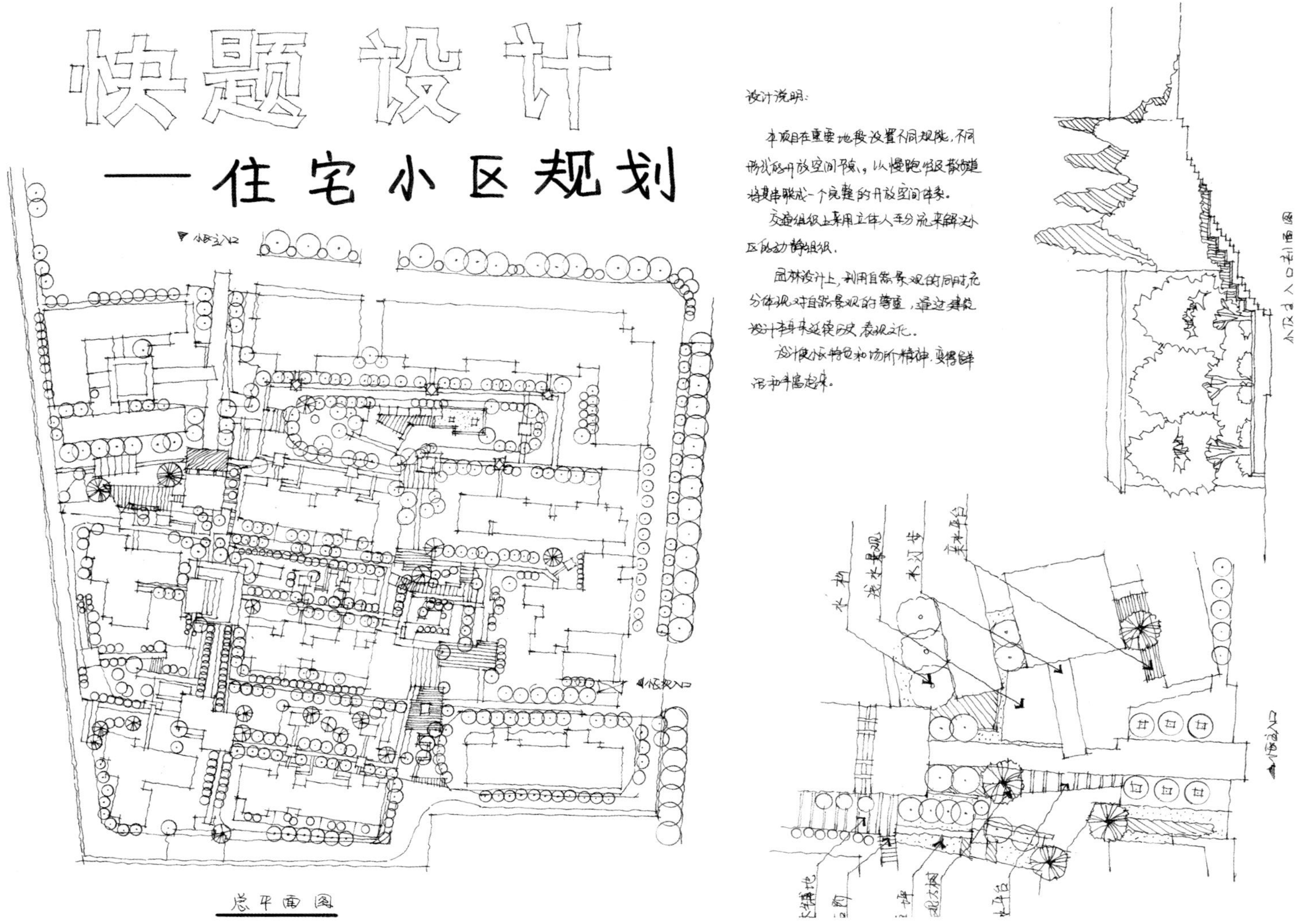

快题设计
——住宅小区规划

小区主入口

小区次入口

设计说明：

本项目在重要地段设置不同规模、不同形式的开放空间节点，以慢跑与散步道将其串联成一个完整的开放空间体系。

交通组织上采用立体人车分流来解决小区的动静组织。

园林设计上，利用自然景观的同时，充分体现对自然景观的尊重，通过建筑设计本身来延续历史，表现文化。

设计使小区特色和场所精神变得鲜活和丰富起来。

总平面图

图5-2 步骤2 聂江洲

五、二草绘制

一草结束后，通常图纸比较混乱，这时，就需要在草图纸上再根据一草的工作成果，进行进一步的修正，同时增加一些简单的空间处理、建筑形体变化和环境设计。

六、正式平面图绘制

两小时后，不管设计进行到什么程度都必须上画板。此时，开始绘制正式的平面图（1:1000）。确定出入口、道路系统、建筑布局、场地布局、绿化系统等各组织部分的位置和相互关系，确定细节部分。这个阶段先用铅笔定出稿线即可。因为对于规划设计的大多数老师而言，还是习惯从平面图上来研究、评价方案的好坏，因此，考生考试时要花大量的时间在平面图的绘制上。

平面图做完以后，可以稍作休息。这一步，检查是很重要的，检查一下任务书的要求是否都体现出来，考虑一下透视图角度的选择等。这个时候，也快接近午餐时间，可以一边吃点热量高的东西，一边思考下午时间的安排，注意不要喝太多的水。

七、分析图绘制

分析图选择重要的几张绘制即可，建议选择空间结构分析图、交通组织分析图、绿化系统分析图等常规图纸。分析图可以一步到位，画图与表现一次完成。平时要常准备分析图例集，各类型的箭头、线型、图案图例等都要提前练习好。分析图一般1:2000就可以了。

八、表现图绘制

表现图在考试的时候，重要性比不上总平面图。但是由于它涉及三维空间的表达，牵涉到透视、比例、尺度、形态等手绘表现的基本技巧与能力，所以考生普遍感到是最困难的。并且由于它直观形象，评委也最能从中判断考生的能力水平。表现图功底好的同学可以有余地地发挥，而功底差的同学就需要避重就轻、扬长避短。提前准备好鸟瞰图的网格体系、比例和角度，考试的时候画自己最熟悉的空间就可以了。

九、文字表述

文字表述主要包括图名、设计说明、经济技术指标。快题考试的文字一定要工整，以等线体、仿宋字体为主。在这个基础上略带个人风格。设计说明要写在分行线上，把关键字稍微区别开来。

设计说明要有一定的套路，可分成五个方面：一是简略地设计用地条件和现状；二是概述总体设计思路和目标；三是写出用地的布局结构手法、建筑分布的总原则；四是道路系统动态交通和静态交通的分布情况；五是绿化和景观设计。

设计说明字数不多，但是需要准确简洁。让评委看出逻辑性。技术指标需要写在旁边（粗略估计）。

十、线条表现

在用铅笔将大图大致完成的时候，可以增加一些线条表现，增加细部、配景和图面的感染力。

十一、色彩表现

色彩表现是一个含糊的说法，主要是通过各种手段加强图面的立体感和感染力，这个阶段可以结合马克笔、彩铅等工具进行渲染。同时要注意有主次，不可浪费太多时间。

十二、检查

检查遗漏和错误，避免硬伤，如果有多余的时间，加入人物和云彩烘托一下氛围还可增加空间感。

以上是一般性的参考，每个人可以根据自己的情况和考试的情况灵活调整。找到自己可以把握的节奏。总体的整体性的完善是最重要的，时刻控制全局，个别的局部不完善也是允许的，但是不要缺图、少图。

第六章　规划快题设计的案例与分析

居住区规划设计评语（图6-1）：

优点：这是一张规划快题的练习图。通过已有设计的解读和表达，学习居住区规划的解决问题的能力。图面清新深入，既有对整体的表达，也有对细节的表达。学习户型的平面方式也包含其中。

问题：关于4S店的内部功能还不熟悉，在生活中还要注意观察。注意，一定不要忘记说明技术指标。

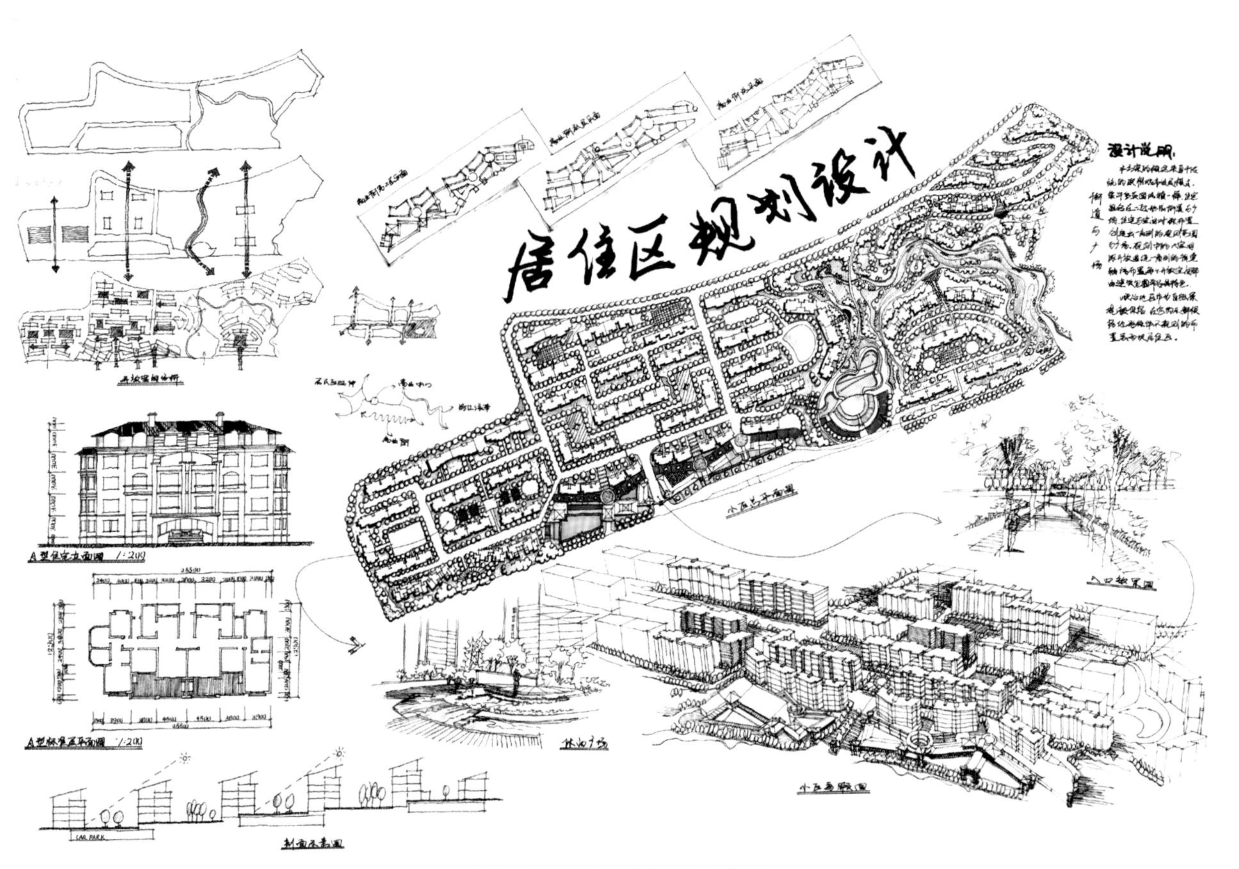

图6-1 居住区规划设计 王美丹

街坊规划快题评语（图6-2）：

优点：该规划设计作品完整、交通系统、重点突出，是一张具有较好示范作用的作品。手绘表现能力也比较规范、成熟。

问题：建筑户型是题目已经给予的条件，不用花很大的篇幅来进行说明。

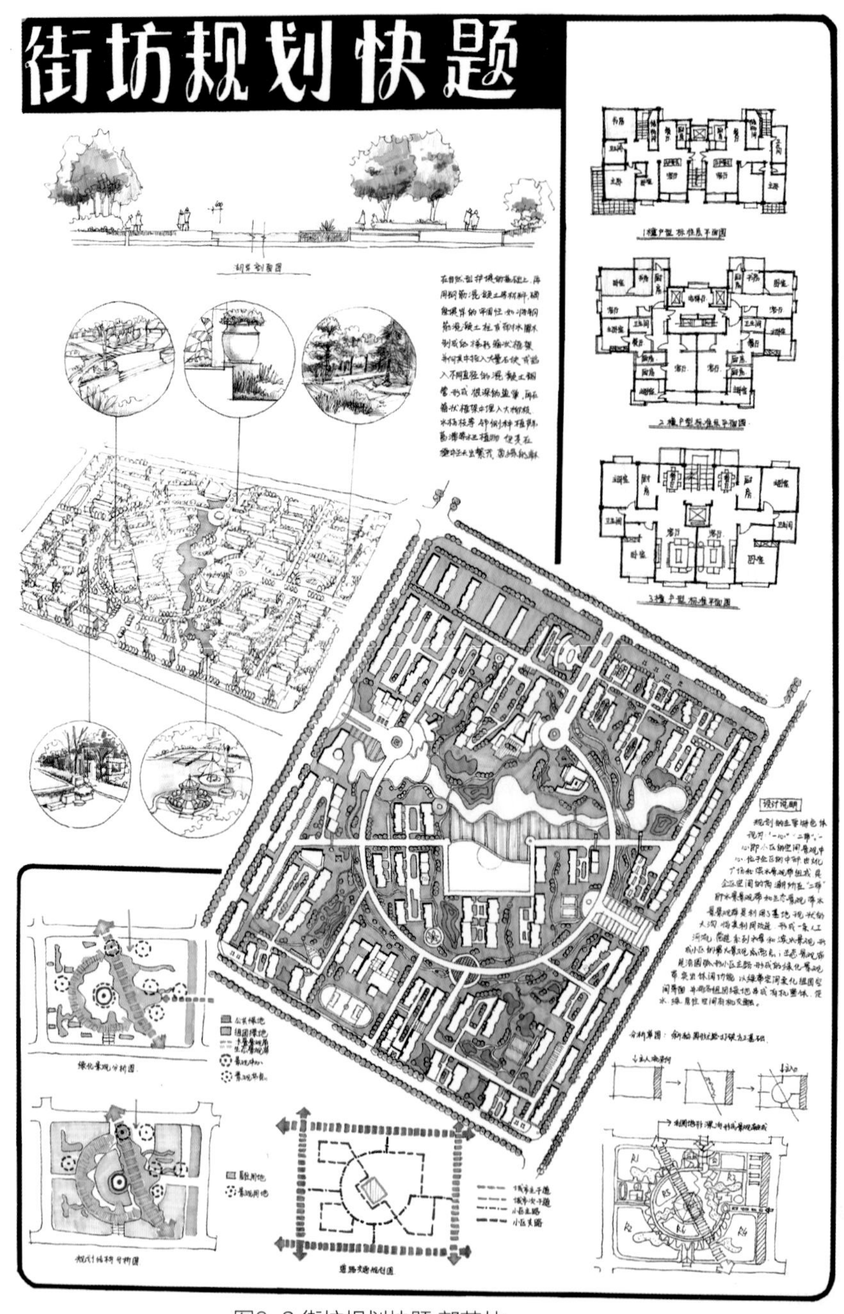

图6-2 街坊规划快题 郭若林

城镇入口地段设计评语（图6-3）：

优点：规划设计的关键在于怎么利用土地资源，怎么组织空间的相互关系。该设计利用红线的形状，用轴线连通空间功能丰富的地块，并在有限的时间内完成较为细致的表现，展现出较好的基本功。

问题：本设计由于是一个城市综合用地的规划设计，地块的功能分析可以做一个更为概念的说明图。

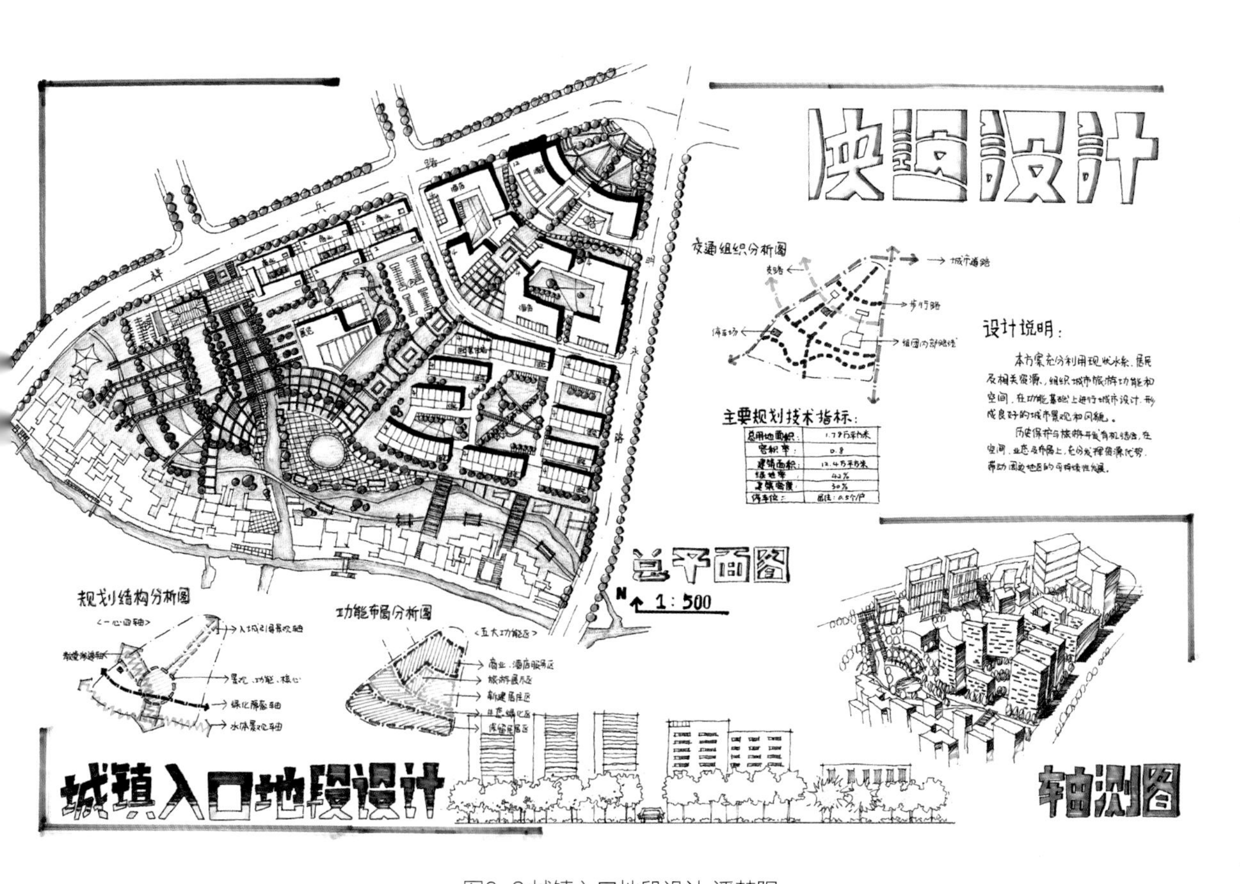

图6-3 城镇入口地段设计 潘梦阳

商业中心规划快题设计评语（图6-4）：

优点：这是一个商业规划的学习资料的快题表达。从借用周围环境的条件出发，立体化解决商业规划设计的用地问题，图面设计理由充分、清晰，建筑与场地的关系单纯，表达了理解效率与利用的关系。

问题：立体化交通与技术经济指标都需要再做说明。

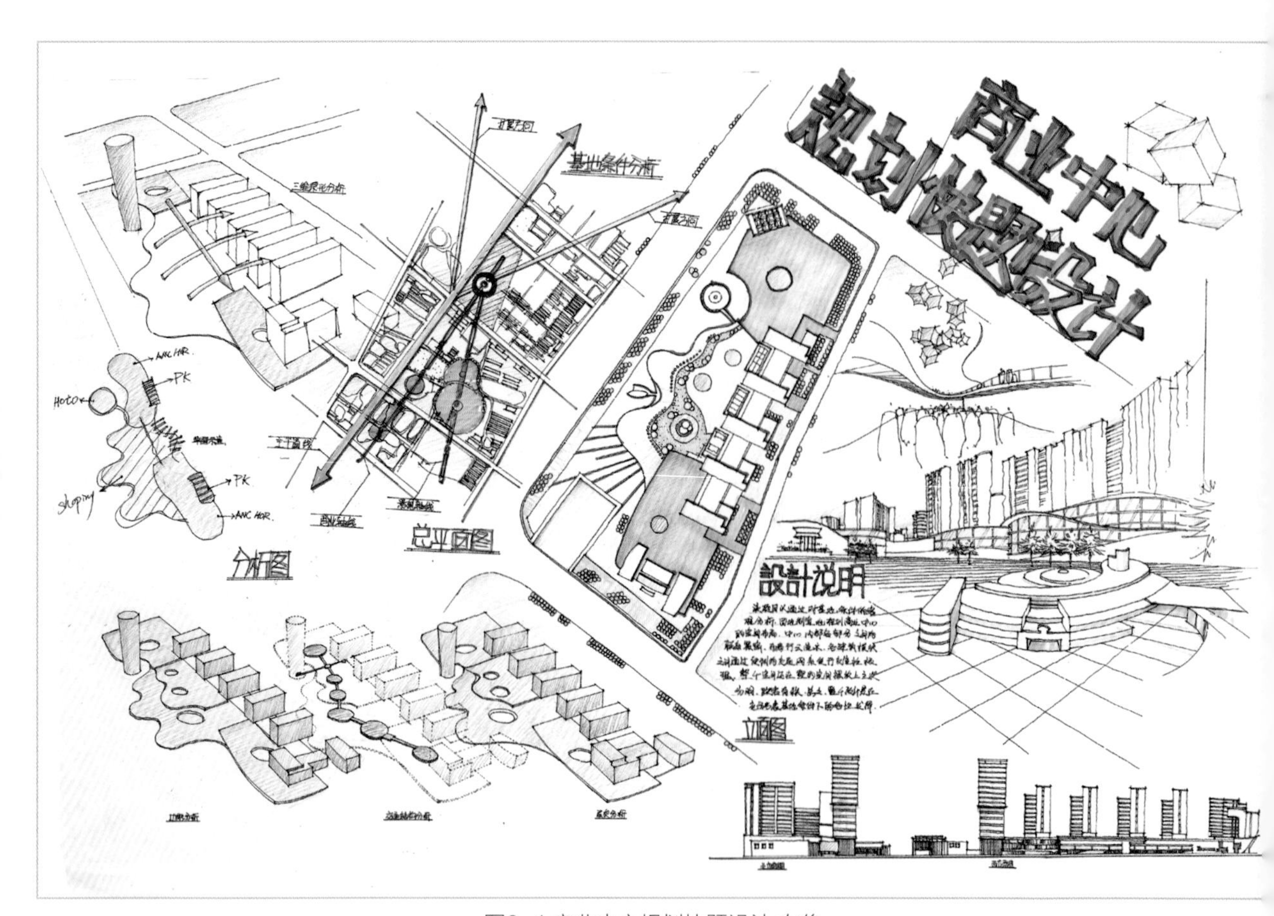

图6-4 商业中心规划快题设计 向俊

居住区规划设计评语（图6-5）：

优点：这是一个商住混合的规划设计。4小时快题。设计把商业公共建筑单独划分出来的考虑说明了一种简洁有效的思路。

问题：作者计算指标花费了一定的时间，所以在表达、表现上面并不完整充分。从设计上考虑，需要对入口区域再做深入的设计，以突出公共功能。

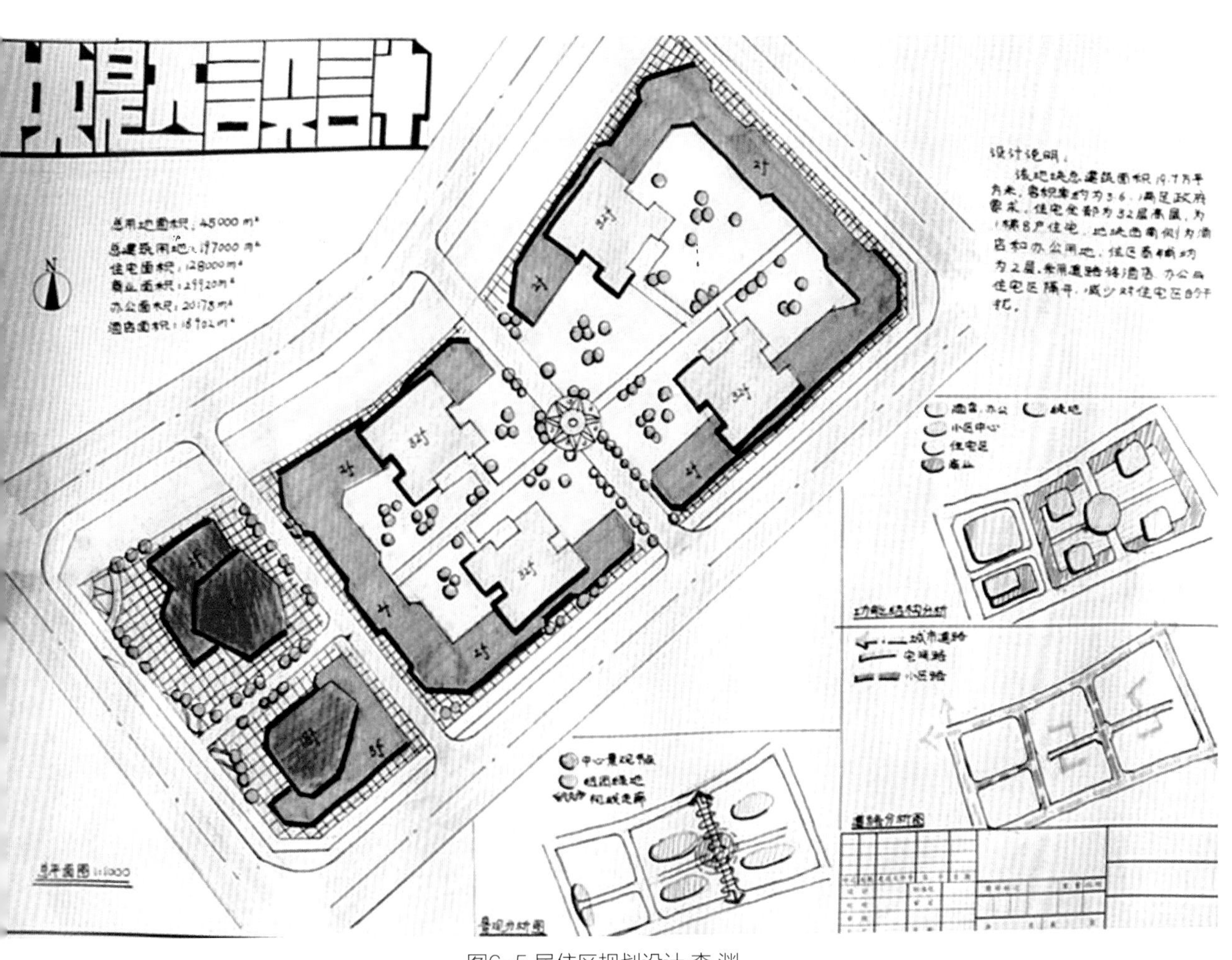

图6-5 居住区规划设计 李渊

居住小区规划快题设计评语（图6-6）：

优点：这是一个商住混合的规划设计。4小时快题。做了一个包围式的设计，最大程度地保留了绿地的面积，有助于提升地块的景观价值。

问题：由于时间的关系，希望能够再补充效果图设计。

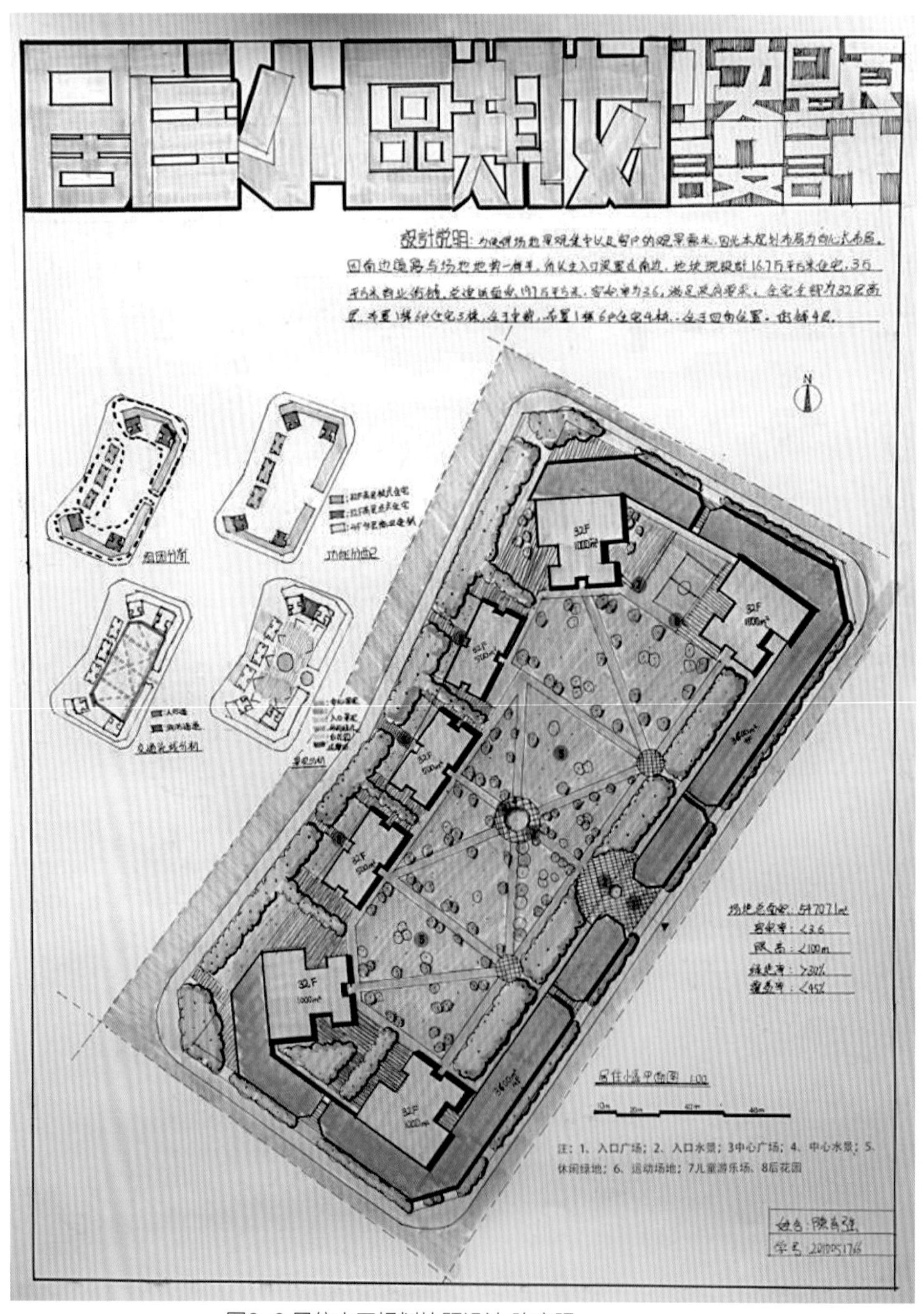

图6-6 居住小区规划快题设计 陈育强

居住区规划设计评语（图6-7）：

优点：这是一个商住混合的4小时快题规划设计。结构不错，出入口和交通关系不错，有当前居住区开发的概念，图纸表达清楚，整体是不错的。

问题：住宅做够了，商业应该没有做够，右侧四排板式建筑间距不够。规划用地红线面积和形状变形太大，以后要注意，考试的时候基本条件要符合。

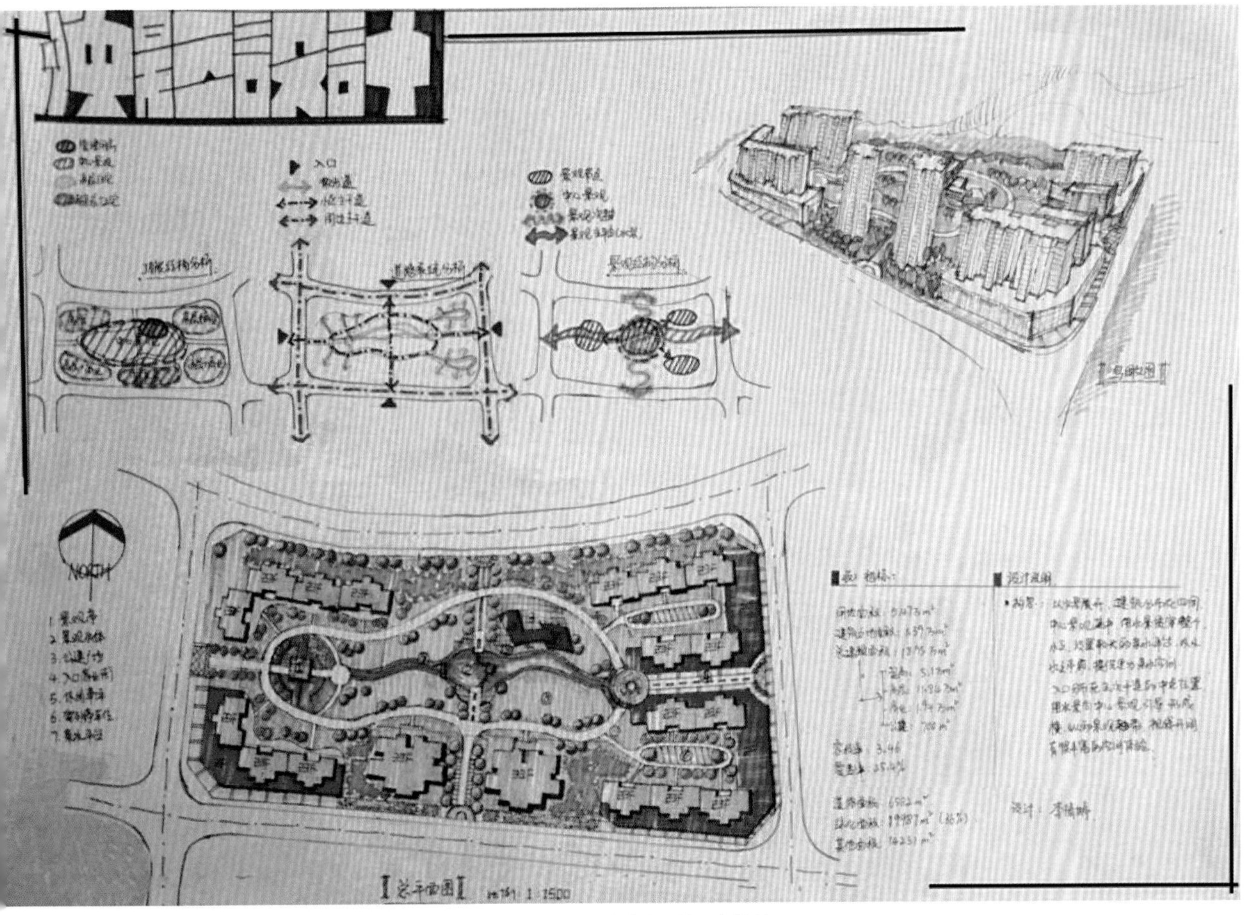

图6-7 居住区规划设计 李倩婷

快题设计评语（图6-8）：

优点：这是一个商住混合的规划设计。4小时快题。结构不错，出入口和交通关系不错，图纸表达清楚；住宅做够了，商业应该也够，建筑间距都够了。

问题：最下面两个布置在商业裙房上面的高层建筑没有消防扑救面，左边裙房太长，规范要求超过一定长度要断开，以后可以查一查防火规范。

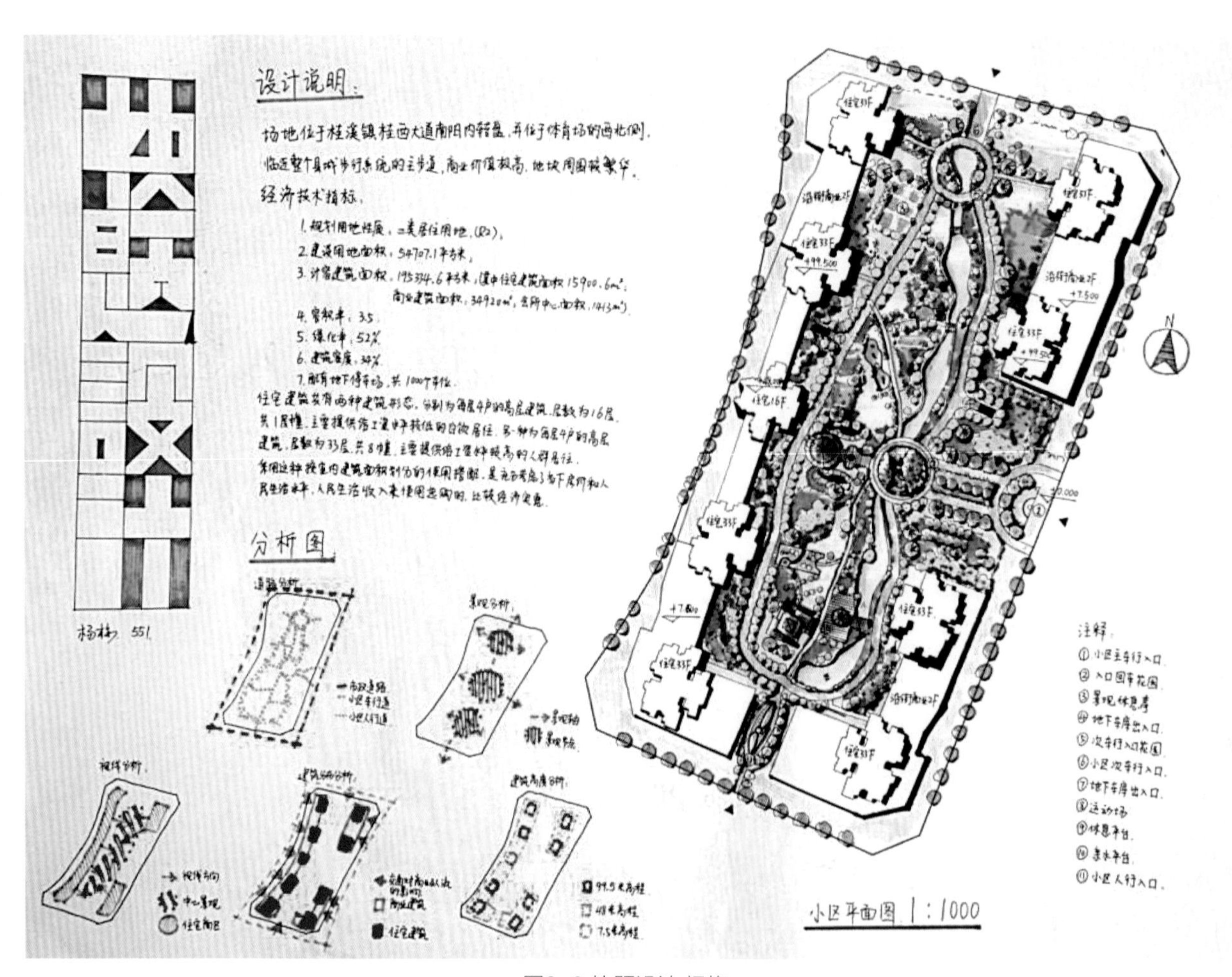

图6-8 快题设计 杨梅

快题设计评语（图6-9）：

优点：这是一个商住混合的4小时快题规划设计。结构不错，交通关系不错，图纸表达清楚；住宅做够了，建筑间距都够了。从纵深方向做主入口，入口景观深度最大，充分利用了场地的尺寸，这种发现场地条件做最大价值利用的思路值得学习。

问题：商业可能不够，有时间完成透视图就更好了。

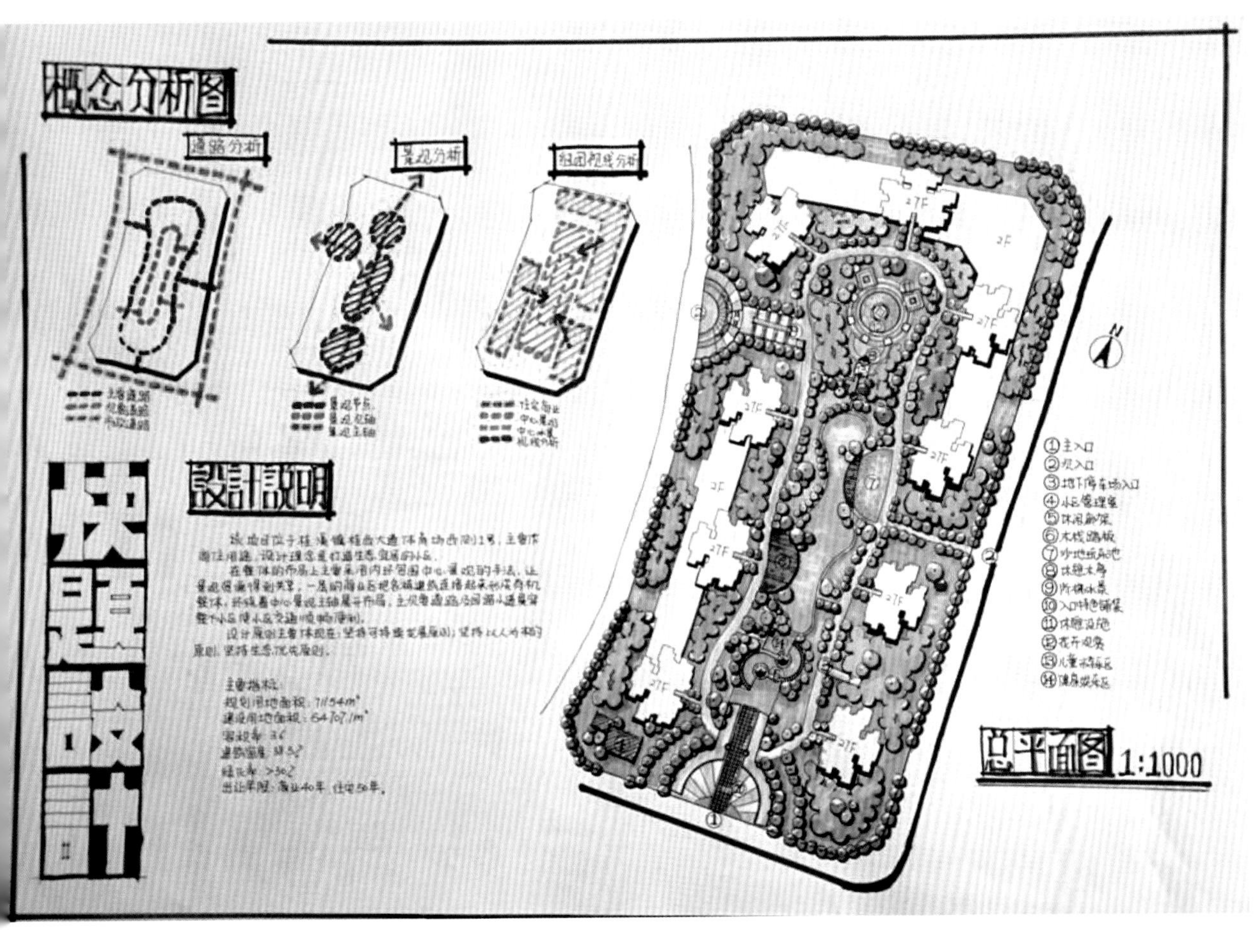

图6-9 快题设计 蔡晓玲

城市规划快题设计评语（图6-10）：

优点：城市商业中心区规划。该作品最大限度地利用商业街道与广场的聚集人气的性质，后排使用高层的标志物吸引人的视线，这样的手法是符合商业中心区规划原理的。建筑形式具有代表性。

问题：需要对地块切分进行分区分析与道路分析，这是起码的规划设计要求的内容，切记。

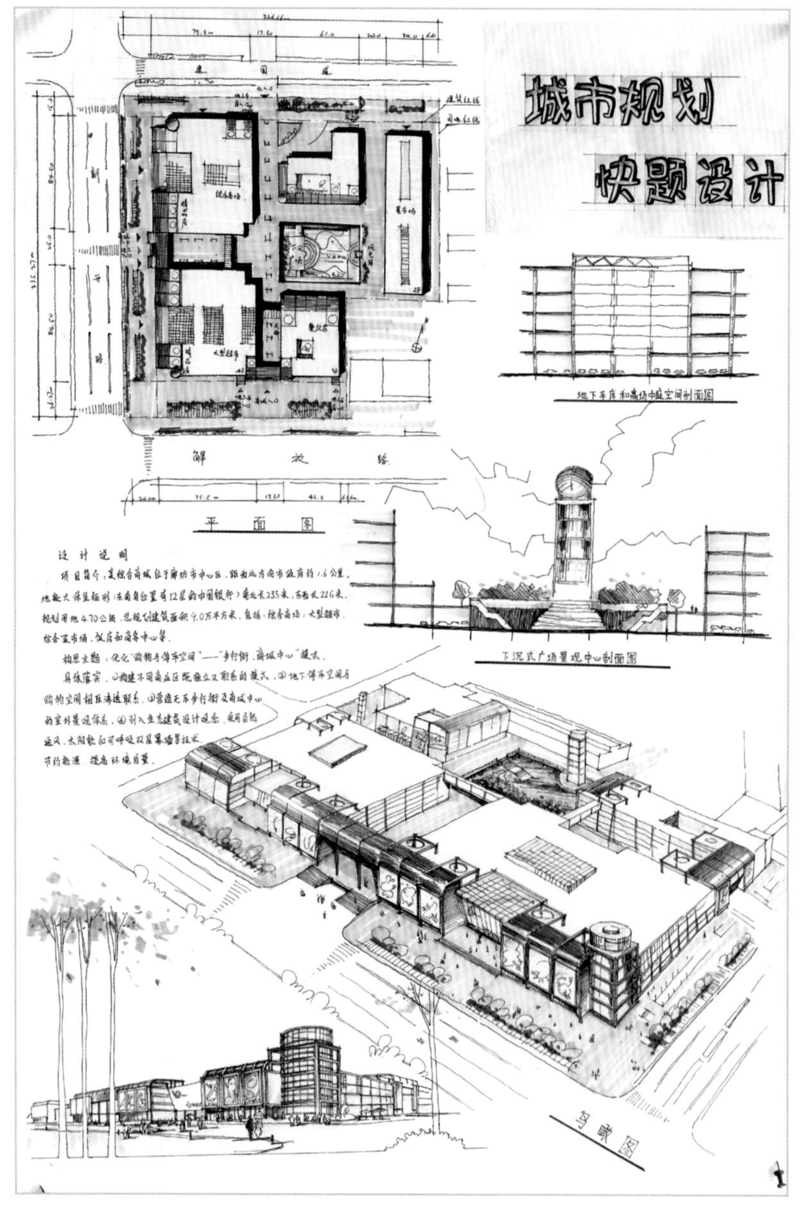

图6-10 城市规划快题设计 牟汶婷

三星片区规划快题设计评语（图6-11）：

优点：地块分区明确，道路网构架清晰。建筑形态进行了细化设计。

问题：鸟瞰图用了较多时间，这个时间可以节约来继续加强规划结构的分析说明。

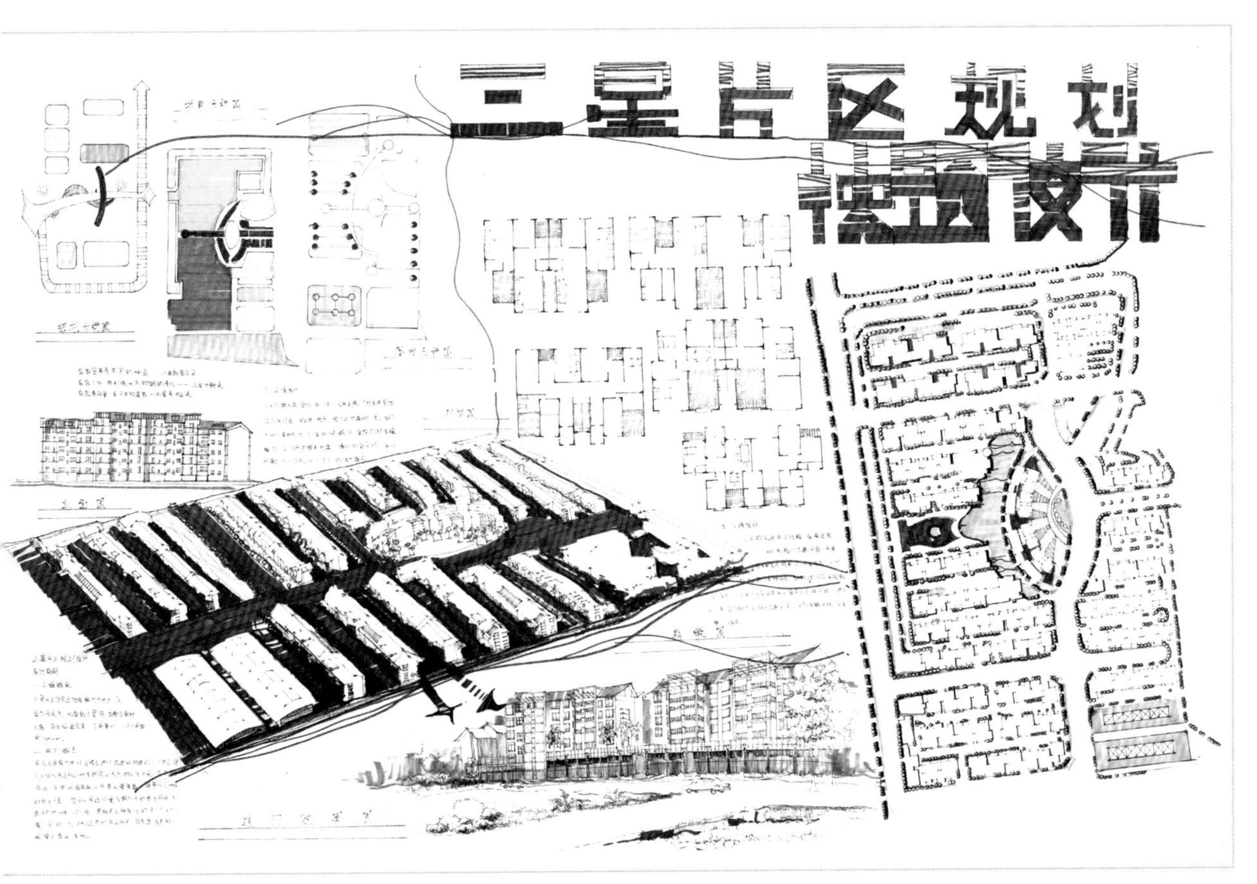

图6-11 三星片区规划快题设计 杨晓雪

四川美术学院校舍规划设计评语（图6-12）：

优点：该设计规划过程解读清晰，建筑设计与场地环境结合，具有整体感。图面层次完整，体现了场地设计的内容，具有较好的参考性。

问题：根据场所功能需求，应该再多一些运动区域，水体的参与也需要谨慎。

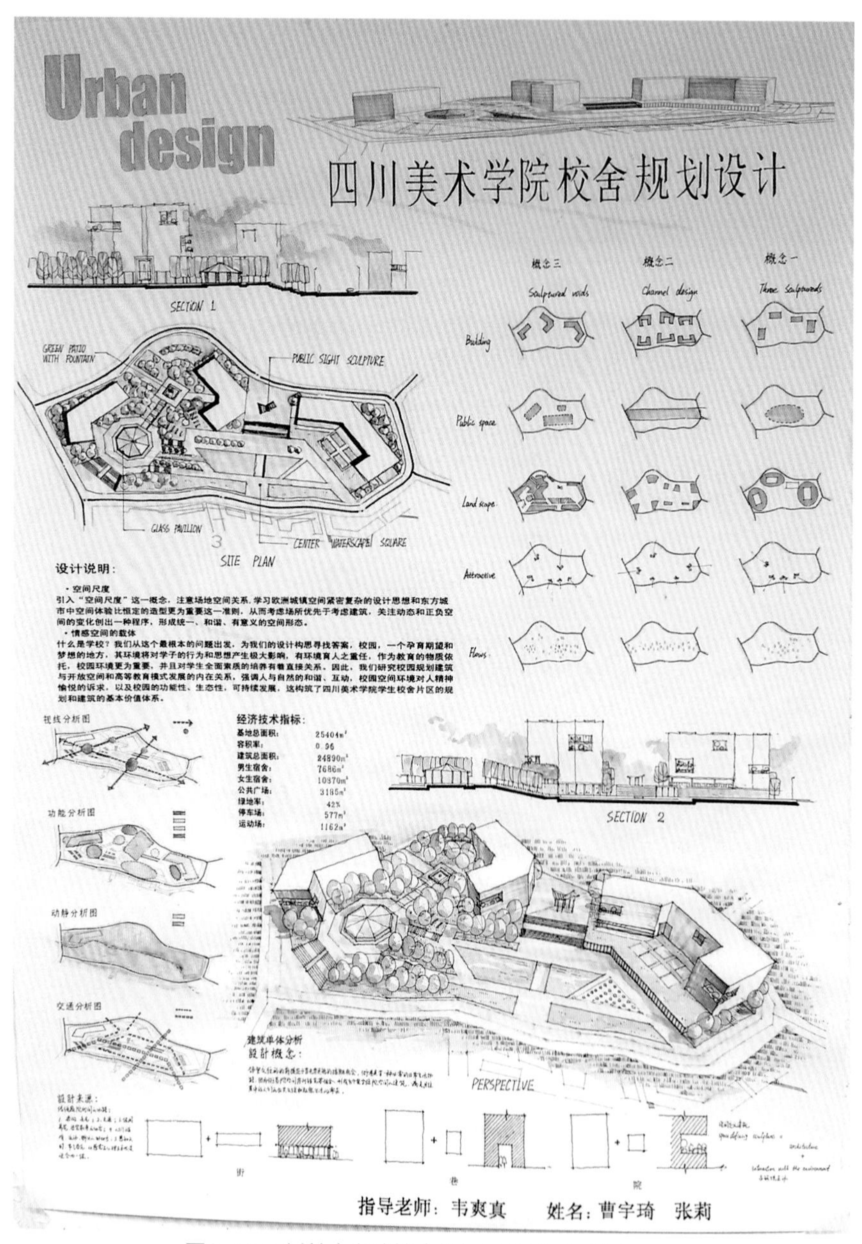

图6-12 四川美术学院校舍规划设计 曹宇琦 张莉

四川美术学院学生宿舍场地规划评语（图6-13）：

优点：该设计将建筑户型的住宿空间进行了跃层规划，引入绿化与庭院空间，具有一定的超前性，对于在读学生也需要鼓励这种大胆的想象与探索。图面绘制前期借助了软件建模表现，所以尺度和形体都比较准确。图面的设计过程及图形信息都非常丰富，值得学习。

问题：剖面尺度与功能需要标注，特别是竖向标高，在本方案中尤其重要。

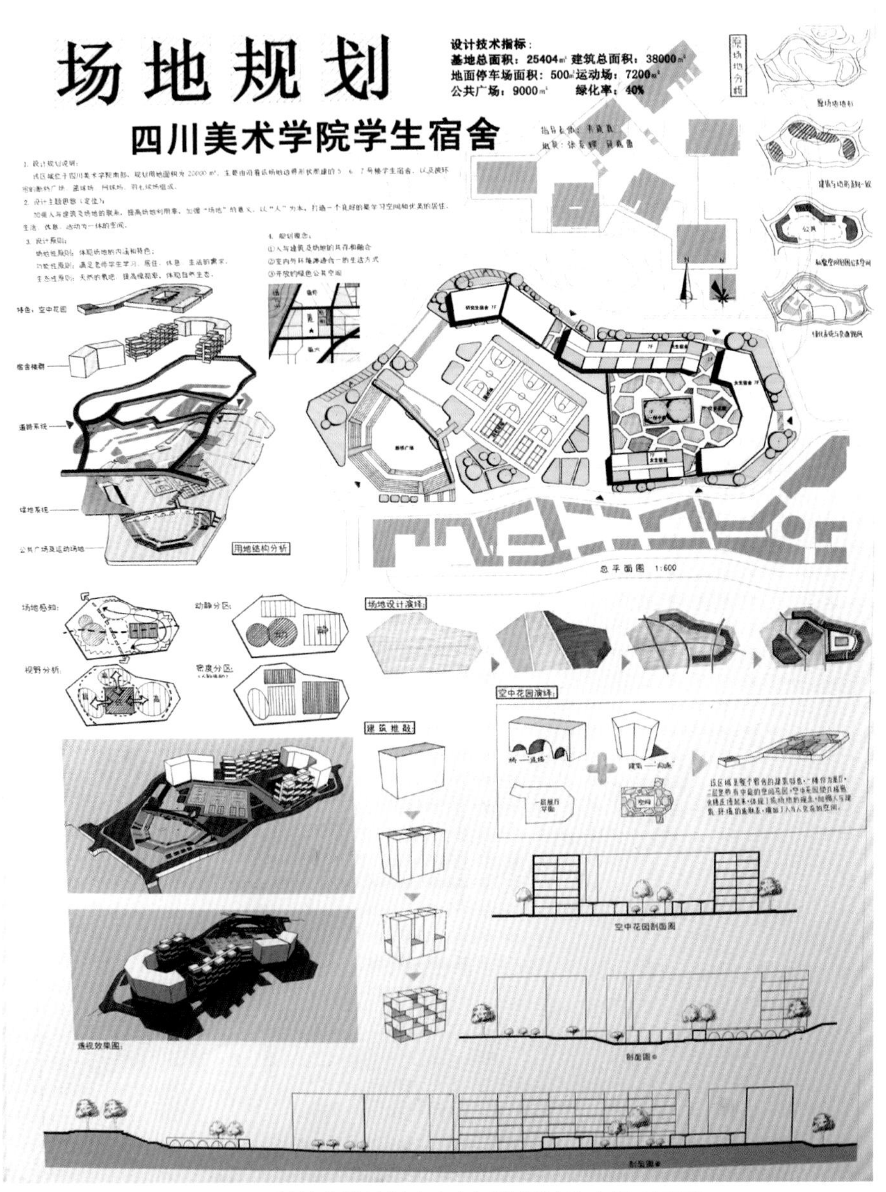

图6-13 四川美术学院学生宿舍场地规划 张素辉 吴嘉蕾

场地规划设计——四川美术学院学生校舍规划设计评语（图6-14）：

优点：该设计紧紧地抓住了场地的通风要素，作为设计的切入点。因此，设计有了一个有现场依据的理由，从而较为顺利地展开了设计。图面表达清楚，尺度合理。

问题：缺少竖向标高，并且从图面看出，剖面起伏过大，和场地现场不符合。

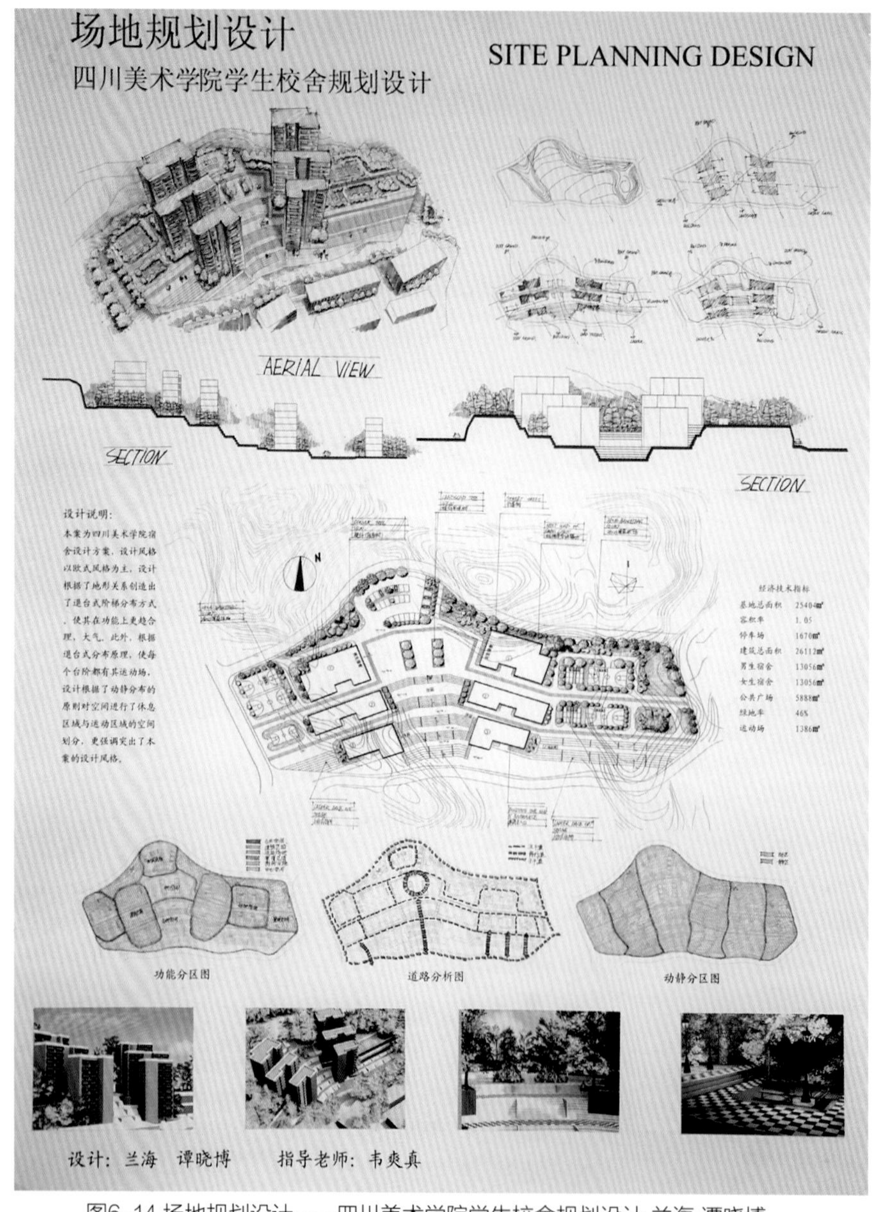

图6-14 场地规划设计——四川美术学院学生校舍规划设计 兰海 谭晓博

景观场地规划——四川美术学院学生宿舍区场地规划设计评语（图6-15）：

优点：该场地规划将建筑连成一片，对于场地的使用效率无疑是有益处的。由此，引发若干大小不同的灰空间也有利于校园亲切文化的营造。表现单纯而有力，强化出设计的主观意识。

问题：缺少设计思路的解读，特别是对现场已知条件和发现问题的分析，展现直接的结果，看不到设计的原委，以后要避免这样的情况。

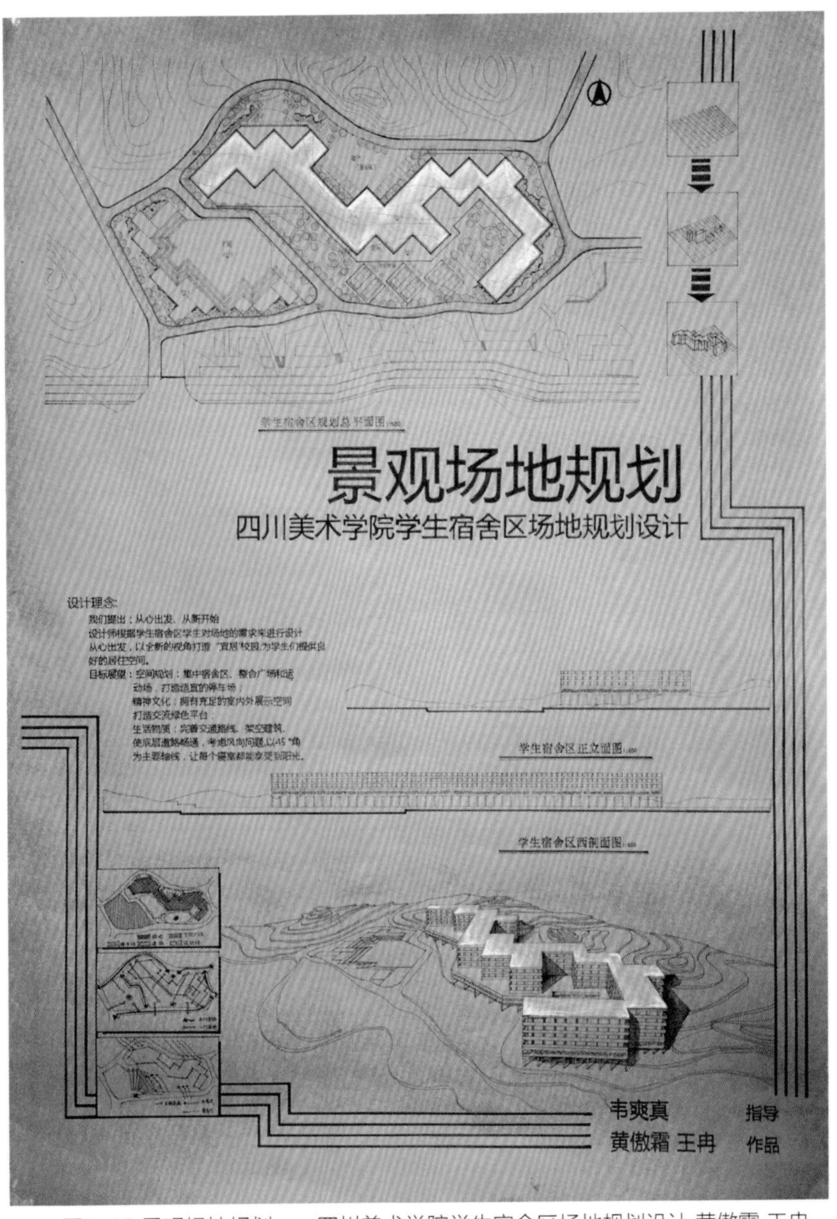

图6-15 景观场地规划——四川美术学院学生宿舍区场地规划设计 黄傲霜 王冉

四川美术学院学生宿舍——场地规划评语（图6-16）：

优点：该快题作业是典型的一体化设计。将场地的功能与建筑的功能完全统一。设计利用地形的等高线产生的台地高差，设计出一个有若干下穿空间的建筑，使建筑显得既有文化感又有交流性，并且获得了较有冲击力的视觉效果。

问题：在透视图中，应该大力发挥下穿空间的优势，着力表现这一空间的特性，但很遗憾的是没有看到在这方面的突出表现。希望大家在快题设计时注意，效果图表现一定是最有特色的设计内容的反映，这一点尤其重要。

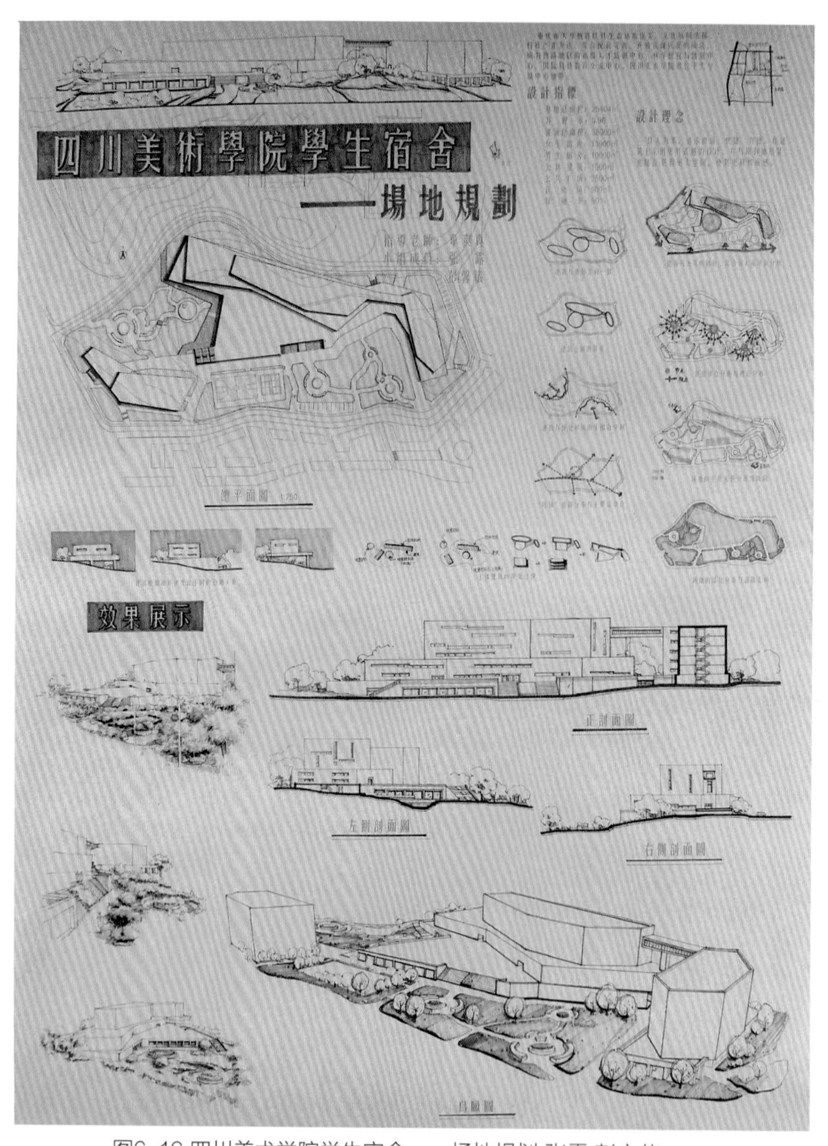

图6-16 四川美术学院学生宿舍——场地规划 张露 彭心仪

依山就势——校园宿舍场地规划评语（图6-17）：

优点：该场地规划敏锐地发现了场地的地形特点，并且从此入手将建筑单元化、台地化，用面向场地的朝向进行布局。这样的思路是可取的，并且是具有场地意识的。图面表现清新雅致，具有较好的表达能力。

问题：设计总平面图需要再做更大范围的表现而不是局限于红线内部。剖立面还应表达出山地环境的特点。

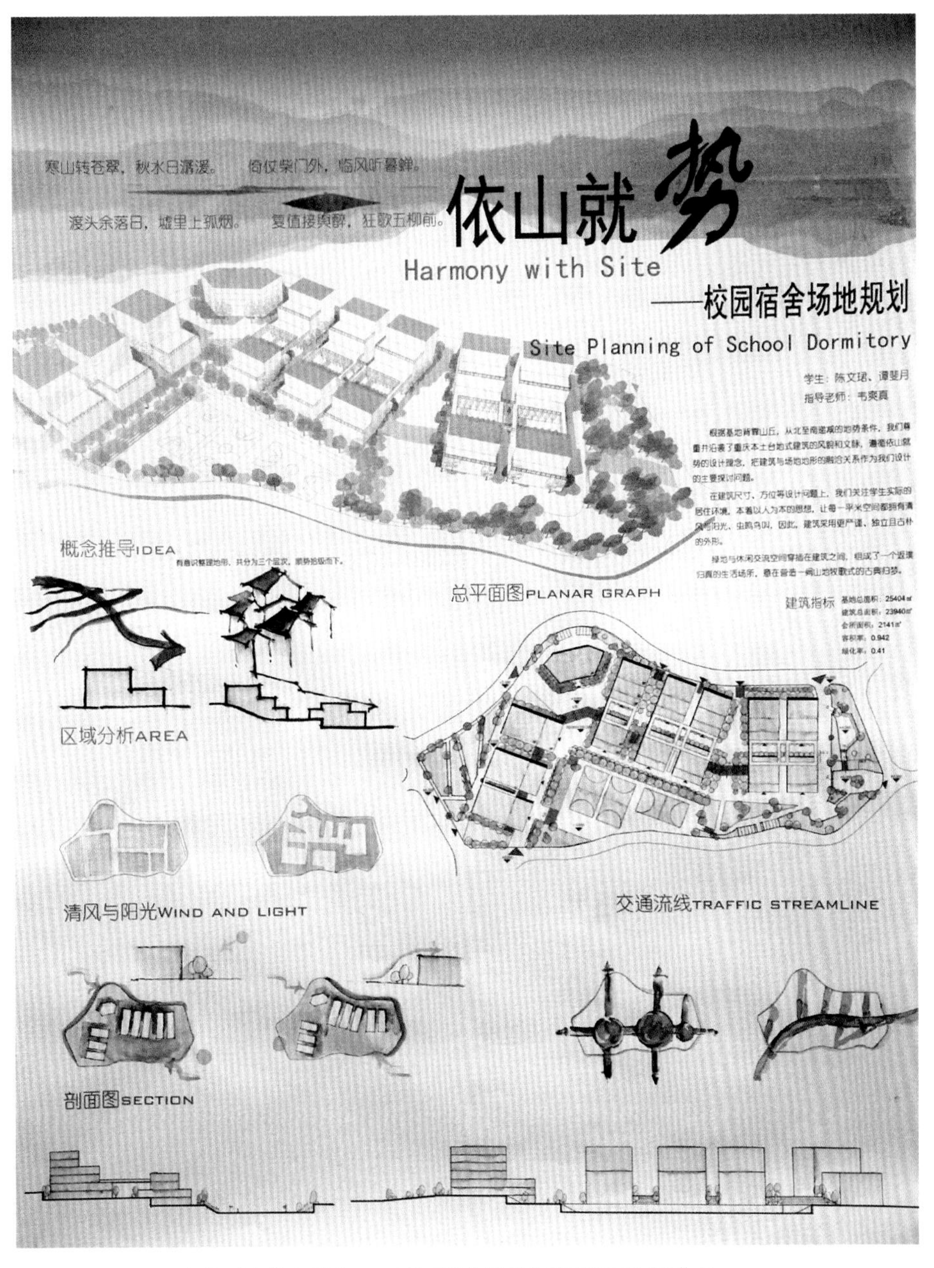

图6-17 依山就势——校园宿舍场地规划 陈文珺 谭斐月

参考文献

1.陈怡如. 景观设计制图与绘图.大连：大连理工大学出版社，2013
2.[美]哈尔・福斯特. 艺术×建筑. 济南：山东画报出版社，2013
3.费麟. 建筑设计资料集. 北京：中国建筑工业出版社，1994
4.[德]迪特尔・普林茨，克劳斯・D.迈耶保克恩. 赵巍岩译.建筑思维的草图表达. 上海：上海人民美术出版社，2005
5.阳建强. 城市规划与设计. 南京：东南大学出版社，2012
6.[英]西蒙・贝尔.王文彤译.景观的视觉设计要素. 北京：中国建筑工业出版社，2004
7.彭一刚. 建筑空间组合论. 北京：中国建筑工业出版社，1998
8.彭一刚. 建筑绘画及表现图. 北京：中国建筑工业出版社，1999
9.[美]约翰・O.西蒙兹.俞孔坚译.景观设计学——场地规划与设计手册. 北京：中国建筑工业出版社，2000
10.钟训正. 建筑画环境表现与技法. 北京：中国建筑工业出版社，2007
11.朱瑾. 建筑设计原理与方法. 上海：东华大学出版社，2009
12.韦爽真. 景观场地规划与设计. 重庆：西南师范大学出版社，2008
13.[美]爱德华・T.怀特. 建筑语汇.林敏哲，林明毅译.大连：大连理工大学出版社，2011
14.邱景亮，吴静子. 建筑专业徒手草图100例——环艺设计. 南京：江苏人民出版社，2013
15.冯刚，李严. 建筑专业徒手草图100例——建筑设计. 南京：江苏人民出版社，2013
16.王海强. 景观/建筑手绘表现应用手册. 北京：中国青年出版社，2011
17.潘定祥. 建筑美的构成. 北京：东方出版社，2010
18.[德]汉斯・罗易德，斯蒂芬・伯拉德.罗娟，雷波译.开放空间设计. 北京：中国电力出版社，2007
19.郭亚成，王润生，王少飞. 建筑快题设计实用技法与案例解析. 北京：机械工业出版社， 2012
20.杨鑫，刘媛. 风景园林快题设计. 北京：化学工业出版社，2012
21.杨倬. 建筑方案构思与设计手绘草图. 北京：中国建材工业出版社，2010
22.杨俊宴，谭瑛. 城市规划快题设计与表现. 沈阳：辽宁科学技术出版社，2012
23.张伶伶，孟浩. 建筑设计指导丛书——场地设计. 北京：中国建筑工业出版社，2005
24.陈帆. 建筑设计快题要义. 北京：中国电力出版社，2009
25.徐振，韩凌云. 风景园林快题设计与表现. 沈阳：辽宁科学技术出版社，2009
26.于一凡，周俭. 城市规划快题设计方法与表现. 北京：机械工业出版社，2011
27.[美]保罗・拉索.邱贤丰，刘宇光译.图解思考——建筑表现技法. 北京：中国建筑工业出版社，2002
28.谭晖. 透视原理及空间描绘. 重庆：西南师范大学出版社，2008
29.骆中钊. 新农村建设规划与住宅设计. 北京：中国电力出版社，2008
30.邓毅. 城市生态公园规划设计方法. 北京：中国建筑工业出版社，2007
31.刘磊. 园林设计初步. 重庆：重庆大学出版社，2012
32.闫寒. 建筑学场地设计.北京：中国建筑工业出版社，2006